Faserforschung und Textiltechnik

WISSENSCHAFTLICH-TECHNISCHE ZEITSCHRIFT
FÜR DIE CHEMIEFASER- UND TEXTILINDUSTRIE

BEGRÜNDET VON
ERICH CORRENS UND WALTER FRENZEL

HERAUSGEGEBEN VON E. CORRENS —
W. BOBETH — H. BÖHRINGER — H. KLARE —
B. PHILIPP — CH. RUSCHER

SCHRIFTLEITER J. BRÄMER UND I. RUSCHER

24. Jahrgang 1973

AKADEMIE-VERLAG BERLIN

Die Zeitschrift „Faserforschung und Textiltechnik“ erscheint monatlich in Heften zu 48 Textseiten im Format A 4. Der Preis für das Einzelheft beträgt M 15,– (Sonderpreis für DDR M 9,–), für den Vierteljahrbezug M 45,– (Sonderpreis für DDR M 27,–), zuzügl. Bestellgeld. Die Berechnung erfolgt zu Beginn eines Vierteljahrs für 3 Hefte. Bestellungen aus dem Gebiet der Deutschen Demokratischen Republik an ein Postamt, eine Buchhandlung oder den Verlag, aus der Deutschen Bundesrepublik an eine Buchhandlung oder die Auslieferungsstelle Kunst und Wissen, Erich Bieber, 7 Stuttgart 1, Wilhelmstraße 4–6, aus dem Ausland an eine Importbuchhandlung, den Deutschen Buch-Export und -Import GmbH., 701 Leipzig, Postschließfach 276, oder den Akademie-Verlag GmbH., 108 Berlin, Leipziger Str. 3–4 (Fernruf: 220441; Telex-Nr. 0112020; Postscheckkonto 35021) erbeten. Bestellnummer dieses Bandes: 1014/24. Alleinige Anzeigenannahme DEWAG-WERBUNG, 1054 Berlin, Wilhelm-Pieck-Str. 49, und alle DEWAG-Betriebe in den Bezirksstädten der DDR. – Bestellungen in der UdSSR nehmen entgegen: Städtische Abteilungen von „SOJUZPECHATJ“ bzw. Postämter und Postkontore.

Herausgeber und verantwortlich für den Inhalt: Prof. Dr. Dr. Erich Correns, Institut für Polymerenchemie der Akademie der Wissenschaften der DDR, 153 Teltow-Seehof, Fernruf: Teltow 4831; Prof. Dr.-Ing. habil. Wolfgang Bobeth, Institut für Technologie der Fasern der Akademie der Wissenschaften der DDR. 801 Dresden, Hohe Str. 6, Fernruf: 46580; Prof. Dr.-Ing. Hans Böhringer, 682 Rudolstadt; Prof. Dr. Hermann Klare, Prof. Dr. habil. Burkart Philipp und Dr. habil. Christian Ruscher, Institut für Polymerenchemie der Akademie der Wissenschaften der DDR, 153 Teltow-Seehof, Fernruf: Teltow 4831. Schriftleiter: Joachim Brämer und Dipl.-Chem. Ingeborg Ruscher, 153 Teltow-Seehof, Kantstr. 55. Verlag: Akademie-Verlag GmbH., 108 Berlin, Leipziger Str. 3–4. Satz und Druck: Druckhaus „Maxim Gorki“, 74 Altenburg. – Veröffentlicht unter der Lizenznummer 1280 des Presseamtes beim Vorsitzenden des Ministerrates der Deutschen Demokratischen Republik.

Inhaltsverzeichnis Jahrgang 24

Verfasserverzeichnis

(KM) = Kurze Mitteilungen

Sachverzeichnis

1
1973

Faserforschung und Textiltechnik

WISSENSCHAFTLICH-TECHNISCHE ZEITSCHRIFT FÜR DIE CHEMIEFASER- UND TEXTILINDUSTRIE

BEGRÜNDET VON
ERICH CORRENS UND WALTER FRENZEL

HERAUSGEGEBEN VON ERICH CORRENS
WOLFGANG BOBETH – HANS BÖHRINGER – HERMANN KLARE
BURKART PHILIPP – CHRISTIAN RUSCHER

SCHRIFTLEITER J. BRÄMER UND I. RUSCHER

AKADEMIE-VERLAG BERLIN

Faserforsch. u. Textiltechnik • 24. Jahrg. • Heft 1 • Seiten 1—48 • Berlin im Januar 1973
FSTXA7 24 (1) 1—48 (1973)
Preis: 15,— M • Sonderpreis DDR: 9,— M

DK 061.3.051.1(430.2—25)"1972":541.135—126

Philipp, Burkart

Eröffnungsansprache und Einführung in die Thematik beim Internationalen Mikrosymposium über Polyelektrolyte in Rostock am 8. und 9. Oktober 1972

Faserforsch. u. Textiltechnik **24** (1973) 1, S. 1—5.

DK 541.135—126:54—145:535.36

Kratochvil, Pavel

Lichtstreuung an verdünnten Polyelektrolytlösungen

Faserforsch. u. Textiltechnik, **24** (1973) 1, S. 5—9. 1 Abb., 2 Tab., 17 Lit.

Die Besonderheiten der Lichtstreuung an verdünnten Polyelektrolytlösungen werden qualitativ diskutiert. Die Messungen erfolgen meist mit Salzlösungen als Lösungsmittel. Die Salzlösungen sind als Mehrkomponentenlösungsmittel zu betrachten. Durch die selektive Sorption der einzelnen Lösungsmittelkomponenten auf die Polymermoleküle wird die Interpretation der Streulichtdaten in den Mehrkomponentensystemen kompliziert. Auf Grund der differentialrefraktometrischen Messungen können gewisse Informationen über die Wechselwirkung der Lösungsmittelkomponenten mit den Polyelektrolytmolekülen ermittelt werden.

DK 541.135—126:678.745.32:54—145:539.2

Aripov, E. A.

Strukturbildung in wäßrigen Lösungen des Polyelektrolyten K-4

Faserforsch. u. Textiltechnik **24** (1973) 1, S. 10—15. 7 Abb., 19 Lit.

Der Polyelektrolyt K-4 ist das Reaktionsprodukt einer polymeranalogen Umwandlung von Polyacrylnitril unter Einwirkung von NaOH. Die Makromolekülkette enthält als funktionelle Gruppen Amid-, Imid-, Carboxyl- (in Form von COOH- und COO^--) sowie Nitrilgruppen (Spuren). Lösungen von K-4 sind mikroheterogen und bestehen aus globulären und fibrillären übermolekularen Strukturelementen. Der Einfluß der Alterung, der Temperatur, der Konzentration, des pH-Wertes sowie von Elektrolyten und schwachen magnetischen Feldern auf den Ionisierungsgrad der funktionellen Gruppen wurde betrachtet. Ein Zusammenhang zwischen dem Verhältnis der übermolekularen Strukturen und der Strukturbildung in der Lösung des Polyelektrolyten K-4 wurde festgestellt.

DK 541.135—126:543.544.42:547.992.3

Stenlund, Bengt

Die gelchromatographische Trennung von Polyelektrolyten

Faserforsch. u. Textiltechnik **24** (1973) 1, S. 16—20. 4 Abb., 1 Tab., 5 Lit.

Die Untersuchungen über den Mechanismus der Gelchromatographie von Polyelektrolyten (Lignosulfonaten) haben erwiesen, daß die Elution gemäß abnehmender rel. Molekülmasse stattfindet. Bei Elution mit Wasser treten jedoch Ladungseffekte ein (Polyelektrolytexpansion, Ioneneinschluß- und Ionenausschlußeffekt), die zur Folge haben, daß die Trennung von der Zusammensetzung der Probe beeinflußt wird. Der Einfluß der Ladungseffekte ist bei einem einwertigem Gegenion stärker als bei zweiwertigen. Die Effekte können durch Elution mit Elektrolytlösung unterdrückt werden, wobei jedoch die Auflösung verschlechtert werden kann.

DK 541.135—126:678.546.11:54—145:537.2:543.257

Rinaudo, Marguerite

Polyelektrolyteigenschaften von Carboxymethylcellulose in wäßriger Lösung — Einfluß der Ladungsdichte

Faserforsch. u. Textiltechnik **24** (1973) 1, S. 21—28. 12 Abb., 5 Tab., 25 Lit.

Die in den letzten zehn Jahren an Carboxymethylcellulose unterschiedlicher Ladungsdichte in verdünnten wäßrigen Lösungen mittels Potentiometrie und Konduktometrie, Bestimmung der Gegenionenaktivität an spezifischen Elektroden, Messung der Ultraschallabsorption und des spezifischen Volumens mit verschiedenen ein- und zweiwertigen Gegenionen erhaltenen experimentellen Ergebnisse werden zusammenfassend diskutiert und mit den Ergebnissen theoretischer Betrachtungen nach *Lifson/Katchalsky*, nach *Manning* sowie nach *Oosawa* verglichen. Das Verhalten der Polyelektrolyte in Abhängigkeit von der Ladungsdichte wird hinsichtlich Reihenfolge und Mechanismus der Ionenselektivität verallgemeinert.

DK 541.183.12:54—128.2:546.3:541.49:541.572.54

Hering, Rudolf

Neue Anwendungsgebiete für Chelite

Faserforsch. u. Textiltechnik **24** (1973) 1, S. 29—33. 3 Abb., 23 Lit.

Chelatbildende Ionenaustauscher fungieren nicht nur als selektive Adsorbentien gegenüber komplexbildenden Metallionen, sie eignen sich außerdem als Ligandenaustauscher, als reversible selektive Anionenaustauscher und als unlösliche Puffersubstanzen.

DK 547.458.88:66.095.27:541.127.1

Dongowski, Gerhard, und *Bock, Willy*

Mechanolyse von Pektinstoffen

Faserforsch. u. Textiltechnik, **24** (1973) 1, S. 34—38. 10 Abb., 26 Lit.

Es wird der mechanolytische Abbau von Apfelpektinsäure, hoch- und niederveresterten Apfelpektinen sowie eines Apfelprotopektinpräparates durch Schwingmahlung im lufttrockenen Zustand unter normalen Bedingungen und in Gegenwart von wasserfreiem Natriumcarbonat untersucht. Aus den Ergebnissen der viskosimetrischen und chemischen Untersuchung der entstehenden Abbauprodukte werden Rückschlüsse auf die Kinetik und die Art der Spaltung der glykosidischen Bindung gezogen.

Die Zeitschrift „Faserforschung und Textiltechnik" erscheint monatlich in Heften zu 48 Textseiten im Format A 4. Der Preis für das Einzelheft beträgt M 15,— (Sonderpreis für DDR M 9,—), für den Vierteljahresbezug M 45,— (Sonderpreis für DDR M 27,—), zuzügl. Bestellgeld. Die Berechnung erfolgt zu Beginn eines Vierteljahrs für 3 Hefte. Bestellungen aus dem Gebiet der Deutschen Demokratischen Republik an ein Postamt, eine Buchhandlung oder den Verlag, aus der Deutschen Bundesrepublik an eine Buchhandlung oder die Auslieferungsstelle Kunst und Wissen, Erich Bieber, 7 Stuttgart 1, Wilhelmstraße 4—6, aus dem Ausland an eine Importbuchhandlung, den Deutschen Buch-Export und -Import GmbH., 701 Leipzig, Postschließfach 276, oder den Akademie-Verlag GmbH., 108 Berlin, Leipziger Str. 3—4 (Fernruf: 220441; Telex-Nr. 0112020; Postscheckkonto 35021) erbeten. Bestellnummer dieses Heftes: 1014/24/1. Alleinige Anzeigenannahme DEWAG-WERBUNG, 1054 Berlin, Wilhelm-Pieck-Str. 49, und alle DEWAG-Betriebe in den Bezirksstädten der DDR. — Bestellungen in der UdSSR nehmen entgegen: Städtische Abteilungen von „SOJUZPECHATJ" bzw. Postämter und Postkontore.

Herausgeber und verantwortlich für den Inhalt: Prof. Dr. Dr. Erich Correns, Institut für Polymerenchemie der Akademie der Wissenschaften der DDR, 153 Teltow-Seehof, Fernruf: Teltow 4831; Prof. Dr.-Ing. habil. Wolfgang Bobeth, Institut für Technologie der Fasern der Deutschen Akademie der Wissenschaften zu Berlin, 801 Dresden, Hohe Str. 6, Fernruf: 44721; Prof. Dr.-Ing. Hans Böhringer, 682 Rudolstadt; Prof. Dr. Hermann Klare, Prof. Dr. habil. Burkart Philipp und Dr. habil. Christian Ruscher, Institut für Polymerenchemie der Akademie der Wissenschaften der DDR 153 Teltow-Seehof, Fernruf: Teltow 4831. Schriftleiter: Joachim Brämer und Dipl.-Chem. Ingeborg Ruscher, 153 Teltow-Seehof, Kanstr. 55. Verlag: Akademie-Verlag GmbH., 108 Berlin, Leipziger Str. 3—4. Satz und Druck: Druckhaus „Maxim Gorki", 74 Altenburg. — Veröffentlicht unter der Lizenznummer 1280 des Presseamtes beim Vorsitzenden des Ministerrates der Deutschen Demokratischen Republik.

Faserforschung und Textiltechnik

WISSENSCHAFTLICH-TECHNISCHE ZEITSCHRIFT FÜR DIE CHEMIEFASER- UND TEXTILINDUSTRIE

Band 24 Januar 1973 Heft 1

Eröffnungsansprache und Einführung in die Thematik beim Internationalen Mikrosymposium über Polyelektrolyte in Rostock am 8. und 9. Oktober 1972

Burkart Philipp

Akademie der Wissenschaften der DDR, Institut für Polymerenchemie in Teltow-Seehof

DK 061.3.051.1(430.2—25)"1972":541.135—126

Meine sehr verehrten Damen und Herren!

Zu Beginn unserer Veranstaltung möchte ich Sie im Auftrage der Chemischen Gesellschaft der DDR und ihres Fachverbandes „Makromolekulare Chemie" hier in Rostock herzlich willkommen heißen. Wir als Veranstalter freuen uns sehr, daß trotz der unvermeidlichen Verlegung des Tagungstermins auf Sonntag und Montag so viele Interessenten unserer Einladung gefolgt sind, und daß vor allem die Vortragenden aus dem In- und Ausland trotz dieser Terminverschiebung ihre Zusage aufrecht erhielten.

Die Förderung der naturwissenschaftlichen Grundlagenforschung ist eines der Hauptanliegen der Wissenschaftspolitik unserer Deutschen Demokratischen Republik, wie dies in zahlreichen Äußerungen führender Repräsentanten unserer Partei- und Staatsführung, beispielsweise in dem Referat von Professor *Hager*, wiederholt zum Ausdruck kam und sich auch in den jüngsten Beschlüssen zur weiteren Entwicklung der Akademie der Wissenschaften unseres Landes niederschlug. Selbstverständlich kann und muß unsere sozialistische Gesellschaft erwarten, daß auch und gerade die neuen Erkenntnisse der Grundlagenforschung sich letzten Endes in neuen Produkten und Verfahren in unserer Volkswirtschaft niederschlagen. Um dieses Ziel zu erreichen, ist es notwendig, die Wissenschaftler aus Industrie, Hochschulen und Akademie-Instituten enger als bisher zusammenzuführen, und ich möchte Ihnen in diesem Zusammenhang die besten Grüße und Wünsche des Leiters des Forschungsbereiches Chemie unserer Akademie und zugleich Leiters unseres gemeinsamen Grundlagenprogramms „Stoffe und Stoffwandlung" überbringen. Es ist zweitens eine Notwendigkeit, im Rahmen unserer sozialistischen Integration auch auf dem Gebiet der naturwissenschaftlichen Grundlagenforschung unsere Zusammenarbeit mit den Institutionen der sozialistischen Bruderländer wesentlich zu verstärken und auszubauen, und ich möchte gerade an dieser Stelle unsere Fachkollegen aus diesen Instituten, mit denen uns zum größten Teil bereits eine langjährige Freundschaft verbindet, sehr herzlich begrüßen. Es ist drittens notwendig, den Informationsaustausch zwischen Wissenschaftlern der verschiedenen Fachgebiete wesentlich zu verstärken und mehr als bisher dafür Sorge zu tragen, daß auch und gerade die in der betrieblichen Praxis stehenden Fachkollegen ständig über die neuesten Erkenntnisse der Grundlagenforschung informiert werden. Hier sehe ich die wesentliche Aufgabe für die unserer Akademie der Wissenschaften angeschlossenen wissenschaftlichen Gesellschaften, also auch für unsere Chemische Gesellschaft, und hierin sehe ich auch das Hauptanliegen unserer Tagung.

Gestatten Sie mir nun, verehrte Anwesende, unmittelbar in medias res zu gehen und einige einführende Bemerkungen zur fachlichen Thematik unserer Tagung zu machen. Ich möchte hierbei die Einordnung unseres speziellen Themas der Herstellung, Charakterisierung und Anwendung von Polyelektrolyten in den größeren Zusammenhang der Polymerforschung als Ganzes in den Mittelpunkt stellen und nach einigen einleitenden Bemerkungen zu den derzeitigen Hauptentwicklungstrends der Polymerforschung in ihren Objekten und ihren Methoden vor allem auf die Frage eingehen: Welche Beiträge zum Erkenntnisfortschritt und zum technologisch-ökonomischen Wirksamwerden der Polymerwissenschaft wurden in letzter Zeit durch die Polyelektrolytforschung erbracht, und welche Fortschritte zeichnen sich für die nächste Zeit ab? Damit wird zugleich die Brücke zum Vortragsprogramm unserer Tagung geschlagen.

Von der stofflichen Seite her war und ist nach wie vor der Entwicklungsschwerpunkt auf dem Polymergebiet die Bereitstellung neuer organischer Werkstoffe mit gezielt verbesserten Werkstoffeigenschaften, gekennzeichnet durch die noch immer aktuelle Auffindung und Herstellung neuer Primärstrukturen, vor allem solcher hoher Temperaturbeständigkeit und Steifigkeit, weiterhin durch den Ausbau des Feintypensortiments bei Massenplasten mittels Copolymerisation und Copolykondensation und mittels einer breiten Anwendung von Prepolymertechnologien für vernetzte Strukturen, und schließlich durch eine zunehmende Beherrschung und Steuerung der übermolekularen und morphologischen Strukturbildung bei der Primär- und Sekundärverformung. Der weiteren Erschließung der durch Polymermischungen und -verbunde gegebenen Möglichkeiten zur Verbesserung der Eigenschaften polymerer Werkstoffe kommt hierbei besondere Bedeutung zu. Daneben entwickelt sich zunehmend stärker jener Zweig der Polymerforschung, dessen Zielgröße nicht bestimmte Werkstoffeigenschaften im Fertigprodukt, sondern vielmehr bestimmte, an einer Polymerstruktur ablaufende Prozesse der Stofftrennung, der Stoffwandlung oder der

Bildaufzeichnung und der Energiefortleitung oder -umwandlung sind. Damit wird zugleich die Brücke von der nun schon klassischen Chemie und Physik der Polymeren zur Biologie, speziell zur Molekularbiologie, sowie zur Festkörperphysik geschlagen. Ob und wann einmal diese zweite Richtung der Polymerforschung der Schwerpunkt wird, während bei der klassischen Werkstoffrichtung eine Art Sättigung eintritt, läßt sich zur Zeit noch nicht sicher sagen; eine laufende Akzentverschiebung zu dieser zweiten Richtung und — von der stofflichen Seite her — eine erneute stärkere Betonung der Biopolymeren ist jedenfalls unverkennbar. Zwischen beiden Hauptrichtungen liegen als weites Feld vor allem der Applikationsforschung die zahlreichen Klassen polymerer Hilfsmittel und Hilfsstoffe, deren Bearbeitung zwar kaum ausgesprochen sensationelle Ergebnisse im Sinne einer „polymer big science" erwarten läßt, aber doch auch für die Zukunft reiche Früchte in verschiedenen Zweigen der Konsumgüterindustrie, wie z. B. der Textil- und Papierherstellung und -verarbeitung, verspricht.

Die Entwicklung der modernen Denk- und Forschungsmethodik auf dem Polymergebiet kann hier natürlich nur gestreift werden. Ich möchte etwas willkürlich drei Aspekte herausgreifen, die im Zusammenhang mit unserer Tagungsthematik stehen. Zunächst sei hingewiesen auf eine notwendige und in zunehmendem Maße bereits praktizierte Zusammenführung von polymerkonstruktiver, präparativer Forschung mit der analytisch orientierten Richtung der Polymercharakterisierung und Strukturforschung als Voraussetzung für die Aufstellung von Korrelationen zwischen Herstellungsparametern, chemischer Struktur, Morphologie und makroskopischen Eigenschaften bei Polymeren. Die Zusammenführung der beiden Arbeitsrichtungen wird heute von beiden Seiten her vorangetrieben, wobei es mir allerdings für die Zukunft notwendig erscheint, bei der Charakterisierung neu aufgebauter Polymerer stärker als bisher verschiedenartige Methodiken zu kombinieren, und umgekehrt bei methodisch orientierten Arbeiten mehr als bisher Herkunft und Vorgeschichte der verwendeten Polymerproben zu berücksichtigen. Zweitens möchte ich hervorheben die zunehmende Bedeutung einer mathematischen Modellierung sowohl von Prozessen wie z. B. des Kettenaufbaus, wie von Strukturen, z. B. des Polymermoleküls in einem Lösungssystem oder einer Aggregation von Molekülen im Festkörper. Diese mathematische Modellierung schafft in Verbindung mit der modernen EDV die Basis für eine theoretische Erfassung von quantitativen Korrelationsbeziehungen bis hin zur interpolatorischen Vorausberechnung des Verhaltens und der Eigenschaften von Polymeren und ermöglicht zusätzliche Aussagen auch für technologische Entwicklungen bei gleichem oder sogar verringertem experimentellem Aufwand, ohne jedoch auf das saubere, planvoll angelegte Experiment verzichten zu können. Drittens möchte ich einen anwendungsorientierten Aspekt erwähnen, nämlich das Vordringen einer polymerwissenschaftlichen Denk- und Arbeitsweise in Gebiete der Polymertechnologie, die bis etwa zur Mitte unseres Jahrhunderts noch weitgehend auf der Basis einer empirisch hoch entwickelten, aber in sich abgeschlossenen Handwerkskunst weiter ausgebaut wurden, wie z. B. die Textilveredelung oder die Papiertechnologie, wobei — von der stofflichen Seite her betrachtet — die Polymerelektrolyte erheblichen Anteil an dieser Integration haben.

Ich komme damit bereits zur Frage nach dem Anteil unseres speziellen Fachgebiets, der Polyelektrolyte, am wissenschaftlich-technischen Fortschritt der letzten zwei Jahrzehnte auf dem Gesamtgebiet der Polymeren.

Auch hier möchte ich bei der stofflichen Seite, d. h. der synthetisch-präparativen Richtung, beginnen und dabei folgende Schwerpunkte kurz aufzeigen:

1. die Bereicherung unserer Kenntnisse über den Ablauf der klassischen Polymerisation und Copolymerisation wie auch der polymerchemischen Modifizierung an der Einzelkette durch Untersuchungen zum Einbau ionischer Monomerer bzw. Anbau ionischer Gruppen an eine Polymerkette, verbunden mit der Erschließung zahlreicher neuer Substanzklassen;

2. das Auffinden neuer Prinzipien beim Kettenaufbau, wobei hingewiesen sei einmal auf eine unter Quaternisierung am Stickstoff ablaufende Polyaddition, wie sie z. B. bei den sog. „Ionenen" vorliegt

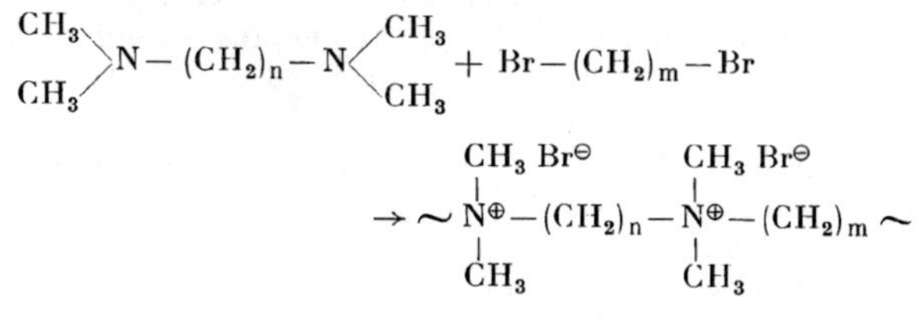

und in einem Reaktionsschritt zu stark basischen Polyelektrolyten führt, und wobei zweitens hingewiesen sei auf die meist unter dem Oberbegriff „Assoziative Polymerisation" diskutierte Beschleunigung des Polymerisationsprozesses ionischer Monomerer um mehrere Zehnerpotenzen in Gegenwart entgegengesetzt geladener Polyionen, wie sie vor allem von *Kabanov* am Beispiel der Polymerisation von 4-Vinylpyridiniumsalzen in Gegenwart von Polyacrylsäure untersucht und wie sie in letzter Zeit von verschiedenen Autoren hinsichtlich der möglichen, z. T. miteinander konkurrierenden Reaktionsmechanismen diskutiert wurde;

3. den auch für die eben besprochene „Matrizenpolymerisation" wesentlichen Aufbau neuartiger Polymerstrukturen durch ionische Wechselwirkung zwischen Polyanion und Polykation, in Form makromolekularer Salze oder „Symplexe", wobei im geeigneten pH-Bereich Fällungen entstehen, die auch bei recht unterschiedlicher Rückgratkette und unterschiedlicher Besetzungsdichte mit ionischen Gruppen einer stöchiometrischen 1:1-Verbindung von Polyanion und Polykation entsprechen. In unseren eigenen Arbeiten konnten wir dies beispielsweise für Symplexe aus anionischen Cellulosederivaten und starken kationischen Polyelektrolyten auf Vinylbasis zeigen. Von der Systematik der Polymerstrukturen her betrachtet, nehmen solche Symplexe eine Mittelstellung ein zwischen den covalent vernetzten dreidimensionalen Polymerstrukturen und den nur über Nebenvalenzbindungen im Polymerfestkörper zusammengehaltenen linearen Ketten, die solche Symplexe nicht nur als neue Produkte, z. B. zur Herstellung von Membranen interessant erscheinen läßt, sondern darüber

hinaus auch als Modelle bei der weiteren Erforschung der Wechselwirkung zwischen Polymeren und niedermolekularen Substanzen.

Ein synoptischer Abriß der Beiträge der Polyelektrolytforschung zum Erkenntnisfortschritt auf dem Gesamtgebiet der Polymercharakterisierung und der Modellierung von Polymerstrukturen muß davon ausgehen, daß die ladungstragenden Gruppen an der Polymerkette einerseits gegenüber ungeladenen Polymeren einen komplizierenden Faktor darstellen, andererseits aber die zusätzliche Anwendung einer Anzahl aussagekräftiger, exakter Meßmethoden ermöglichen, so daß die Gesamtmethodik der Polymercharakterisierung durch Übertragung und Anpassung bewährter Analysenverfahren der klassischen und neueren Elektrochemie — von der altbewährten Leitfähigkeitsmessung bis hin zu den modernen Relaxationsmethoden — wesentlich bereichert wurde. Schwerpunkt der methodischen wie der systematischen Arbeiten waren und sind natürlich die Polymerlösungen, insbesondere die wäßrigen Lösungen, wenn auch in letzter Zeit einige interessante Untersuchungen zum Einfluß ionischer Bindungen auf Zusammenhalt und Deformationsverhalten im Polymerfestkörper bekannt wurden. Ich möchte in diesem Zusammenhang die heute unter Werkstoffaspekten viel diskutierten „Ionomeren" aus $Zn^{\cdot\cdot}$- oder $Mg^{\cdot\cdot}$-vernetzten Äthylen/Acrylsäure-Copolymeren kurz erwähnen und mich nun etwas ausführlicher den Lösungen zuwenden. Wesentlich erscheint mir hier zunächst die aus der Polyelektrolytforschung hervorgegangene Erkenntnis, daß das ungeordnete Knäuel keinesfalls immer die wahrscheinlichste Molekülform in Lösung darstellt, sondern bei Vorliegen entsprechender Wechselwirkungskräfte stabile Zustände höheren Ordnungsgrades intramolekular realisiert werden können. Diese Erkenntnis schlug sich zunächst nieder in der Entwicklung des „Stäbchenmodells" für gelöste Polyelektrolyte, parallel zum „Knäuelmodell" für ungeladene Ketten in Lösung und findet heute ihre Weiterentwicklung sowohl in einer Präzisierung dieses Modells als auch in einer Vielzahl theoretischer und praktischer Arbeiten zum Helix-coil-Übergang bei geladenen Polymeren, besonders auch zur Kinetik dieser Vorgänge, speziell an Polypeptid- und Nucleinsäureketten. Eng verbunden mit der Präzisierung und Quantifizierung eines Modells für die Form geladener Makromoleküle in Lösung ist die Frage nach der Ladungsverteilung und nach der Wechselwirkung mit den Gegenionen, deren Klärung gleichermaßen dem systematischen Ausbau einer Thermodynamik makromolekularer Elektrolytlösungen mit dem Aktivitätskoeffizienten als zentraler Größe, wie auch dem Verständnis und der Modellierung biologischer Vorgänge, z. B. der Transportprozesse in Zellmembranen, dient. Wesentliches Ergebnis der vergangenen Jahre sind hier Versuche einer quantitativen Unterteilung der Gesamtheit der Gegenionen in durch die Entfernung zum Makroion und die Ladungsdichte bestimmte Kategorien, wobei hier besonders auf die Vorstellung einer sog. „Kondensation der Gegenionen" bei Überschreiten einer bestimmten Ladungsdichte hingewiesen sei. In engem Zusammenhang mit diesem zentralen Problem der Bindung zwischen Makroion und Gegenion steht die Möglichkeit, für einen oder mehrere niedermolekulare, geladene Reaktanten eine auch im homogenen Reaktionssystem inhomogene Aktivität einzustellen und so beispielsweise eine Redoxreaktion wie

$$Fe^{+2} + Co^{+3} \rightarrow Fe^{+3} + Co^{+2}$$

durch Zusatz eines anionischen Polyelektrolyten wie Polyvinylsulfosäure wesentlich zu beschleunigen. Über das unmittelbare Anliegen der Polymerforschung hinausgehend, hat das Arbeitsgebiet der Polyelektrolyte wesentlich zur Klärung und Deutung einiger Phänomene beigetragen, die heute Chemiker, Physiker und Biologen gemeinsam beschäftigen. Ich denke dabei einmal an den Begriff der hydrophoben Bindung, die zuerst an Proteinmolekülen gefunden wurde und die beispielsweise auch bei der Wechselwirkung zwischen Makroion und größeren organischen, nicht mehr punktförmigen Gegenionen in Betracht zu ziehen ist, deren experimentelle und begriffliche Erfassung aber zugleich Fortschritte bei der Aufklärung der Struktur des Wassers brachte. Zweitens denke ich dabei an das Phänomen der sog. „kooperativen Wechselwirkung", d. h. einer Beeinflussung von Reaktionsmechanismen und Reaktionsgeschwindigkeiten durch Nachbargruppen entlang der Polymerkette. Das Wirksamwerden dieses Prinzips ist zwar keineswegs an eine elektrostatische Wechselwirkung geknüpft, sondern wurde sogar überwiegend auf der Grundlage von H-Brückenbindungen beobachtet, so z. B. bei Helix-coil-Umwandlungen oder bei der Basenpaarung von Nucleinsäuren. Es handelte sich jedoch hier — von der stofflichen Seite her betrachtet — ebenfalls um Substanzen mit Polyelektrolytcharakter, und wir kennen heute Beispiele einer solchen kooperativen Wechselwirkung mit unmittelbarer Beteiligung ionischer Gruppen, z. B. bei durch bestimmte Ampholyte katalysierten Esterolysereaktionen. Wenn hier anhand ausgewählter Beispiele betont wurde, welch zahlreiche Impulse von der Polyelektrolytforschung zur Klärung grundlegender Mechanismen, zur Modellierung von Polymerstrukturen und zur Charakterisierung von Polymeren in Lösung ausgingen, so muß andererseits darauf hingewiesen werden, daß es gerade auf dem Gebiet der Polymercharakterisierung auch noch heute zahlreiche Fragen gibt, die bei ungeladenen Polymeren entweder nicht auftreten oder weitgehend geklärt sind, bei Polyelektrolyten dagegen noch auf eine Lösung warten. Ich denke dabei einmal an grundsätzliche Fragen wie die Ladungsverteilung in teilsubstituierten Polyelektrolyten oder in Polyampholyten, oder an methodische und meßtechnische Probleme bei Anwendung von auf Transportvorgängen beruhenden Analysenverfahren oder auch von Fraktioniermethoden auf Polyelektrolyte, bei denen das noch weitgehend ungeklärte Problem einer Trennung von Ladungseinfluß und Medieneinfluß auf das Verhalten des Kettenmoleküls in Lösung eine Rolle spielt.

Fragt man nach dem Beitrag der Polyelektrolyte zur Applikation, zur Erschließung neuer Einsatzgebiete für Polymere in den verschiedenen Bereichen der Volkswirtschaft, so denkt man natürlich zunächst an die Ionenaustauscher und ihre vielseitige Anwendung, bei der — wohl erstmalig in der Polymerforschung — nicht die physikalischen Werkstoffeigenschaften eines Produkts, sondern der Ablauf eines Prozesses an einem

Polymeren im Mittelpunkt stand, und die damit die eingangs genannte grundsätzlich neue Richtung der Polymerforschung erschlossen. Ich will hier nicht auf Einzelheiten der neueren Entwicklung eingehen, wie z. B. auf Arbeiten zur Erhöhung der Selektivität und zum gezielten Aufbau von Austauschern für spezielle Einsatzgebiete, zumal dies zum Teil Gegenstand unseres Vortragsprogramms ist. Ich möchte aber wenigstens kurz auf die zahlreichen Impulse hinweisen, die von der Bearbeitung der Ionenaustauschprozesse ausgingen, sowohl zur Beherrschung und Optimierung von Vernetzungsprozessen und zur Herstellung maßgerechter vernetzter Strukturen als auch zum Aufbau neuartiger Polymerstrukturen in Form von Gelen und Membranen. Hierbei sind manchmal Ionenaustauschprozesse unmittelbar am Zustandekommen solcher Strukturen beteiligt, wie z. B. bei den in unserem Institut eingehender bearbeiteten ionotropen Gelen. In anderen Fällen eröffnete der Einbau austauschaktiver Gruppen in solche Strukturen neue Einsatzgebiete oder ermöglichte eine rationellere Anwendung von Austauschprozessen, beispielsweise durch Austauschermembranen.

Ein breites Applikationsfeld unvernetzter, linearer oder verzweigter Polyelektrolyte basiert auf deren starker Quellbarkeit bzw. — oberhalb eines bestimmten Substitutionsgrades und weitgehend unabhängig von der Art der Rückgratkette — deren Löslichkeit in Wasser. Diese Wasserlöslichkeit eröffnete für sich allein oder in Verbindung mit der ladungstragenden und dadurch zur elektrostatischen Wechselwirkung fähigen Kette vielfältige Einsatzmöglichkeiten, deren Zahl sich noch laufend vergrößert, zum Beispiel

— zur Änderung der rheologischen Eigenschaften wäßriger Lösungen und Dispersionen,

— zur Beeinflussung des Dispersitätszustandes von wäßrigen Suspensionen und Emulsionen sowohl im Sinne von Flockungs- als auch von Stabilisier- und Dispergiermitteln,

— zur Verleimung von Formgebilden, z. B. der Fasern im Papierblatt sowie zur Herstellung oder Verbesserung von Überzügen und Filmen aus wäßrigen Systemen.

Die konkreten Anwendungen umspannen dabei den weiten Bogen vom Plasmaexpander in der Medizin über Flockungsmittel zur Wasseraufbereitung bis hin zu den eine elektrostatische Aufladung auf Chemiefasern herabsetzenden Überzügen. Auf die enge Beziehung zwischen der Applikationsforschung auf dem Polyelektrolytgebiet und der modernen Wasser- und Abwassertechnologie möchte ich hier ausdrücklich hinweisen, denn meiner Auffassung nach liegt gerade hier die Möglichkeit eines wesentlichen Beitrages der Polymerforschung zur Verbesserung und zum Schutze unserer Umwelt. Die Betonung der Bedeutung wäßriger Polyelektrolytlösungen für die volkswirtschaftliche Praxis soll keinesfalls Arbeitsrichtungen abwerten, die sich mit dem Verhalten von Polyelektrolyten in nichtwäßrigen Systemen befassen, zumal wir über solche Systeme heute noch ausgesprochen wenig wissen und diese mit zunehmender Wasserknappheit und zunehmendem Einsatz geschlossener Lösungsmittelkreisläufe auch an praktischer Bedeutung gewinnen werden.

Nach diesem Überblick über greifbare Ergebnisse der Polyelektrolytforschung möchte ich einige sich abzeichnende Richtungen noch kurz erwähnen, deren praktische Nutzung noch ziemlich in der Ferne liegt und in ihren Ausmaßen noch nicht abzuschätzen ist, die aber geeignet sind, neue Gedanken und gedankliche Kombinationen in die Polymerforschung hineinzutragen. Ich denke dabei an den potentiellen Einsatz von Polymeren, speziell von Polyelektrolyten, zur Katalyse chemischer Umsetzungen, zur Informationsspeicherung und zur Energieumwandlung mit jeweils den beiden Zielrichtungen, einerseits zum Verständnis und zur Modellierung der entsprechenden biologischen Prozesse beizutragen, um dann vielleicht einmal in solche Prozesse in der belebten Natur steuernd eingreifen zu können, andererseits Vorgänge, die in der lebenden Zelle mit hoher Präzision und Ökonomie ablaufen, in künstlichen Systemen nachzuahmen und damit vielleicht später zu rationelleren Lösungen zu gelangen, als sie die heutige Technologie bietet. Konkrete Ansatzpunkte sind hierzu auf dem Gebiet der Homogenkatalyse durch Makromoleküle und damit der Simulierung von Enzymreaktionen zu erkennen. Die bisher bekannt gewordenen Arbeiten beruhen im wesentlichen auf einer Nutzung der inhomogenen Aktivitätsverteilung eines oder mehrerer Reaktanten auch im homogenen System durch das elektrostatische Feld des Makroions und durch hydrophobe Bindungen in Kombination mit dem Prinzip einer kooperativen Wechselwirkung. Bei der Verseifung aromatischer Ester an Vinylcopolymeren mit Imidazolgruppen an der Kette konnte so bereits eine beträchtliche Spezifität erzielt werden, wobei sich beispielsweise kooperativ wirkende Carboxylat-Imidazol-Carboxylat-Triaden als besonders wirksam erweisen und so eine gewisse Modellierung einer Esterase-Wirkung vorgenommen wird. Als interessantes neues Prinzip einer direkten Umwandlung chemischer in mechanische Energie wurde vor einiger Zeit der sog. pH-Muskel nach *Kuhn* viel diskutiert, der auf einer pH-abhängigen Kontraktion und Elongation eines Streifens aus einem vernetzten Acrylsäurecopolymeren beruht. Seither ist eine Reihe ähnlicher, auf chemischen Vorgängen beruhender Dimensionsänderungen bei Polymeren bekannt geworden, ohne daß sich jedoch bereits jetzt Anwendungsmöglichkeiten abzeichnen, wenn man einmal von der Änderung der Transporteigenschaften in Abhängigkeit vom pH-Wert bei ionenpermselektiven Membranen absieht, bei denen aber nicht die Energieumwandlung, sondern eher eine „chemische Schaltwirkung" im Vordergrund steht. Für die Speicherung von Informationen bei gleichzeitiger Gewährleistung rationeller Abfragemöglichkeiten lassen sich — was die *Primär*struktur von Polymerketten anbelangt — heute noch keine Ansatzpunkte für eine experimentelle Forschung, etwa im Sinne einer synthetischen Nachbildung der unter Beteiligung der Nucleinsäuren ablaufenden Informationsprozesse in der Zelle, erkennen. Hingegen zeichnen sich gewisse Möglichkeiten gerade bei Polyelektrolyten ab, wenn man höhere Struktureinheiten, etwa die Sekundärstruktur der Einzelkette oder die übermolekularen und morphologischen Ordnungszustände einer Gesamtheit von Polymerketten, in Betracht zieht. Ich möchte hier sowohl auf die schon genannte Schaltwirkung permselektiver Membranen hinweisen als auch eine der letzten

Arbeiten von *Katchalski* erwähnen, in der er eine thermodynamische Analyse des auf Konformationsänderungen der Ketten beruhenden Hystereseverhaltens bei der potentiometrischen Titration synthetischer homopolymerer Nucleinsäuren gibt und dieses Hystereseverhalten mit der Kurzzeitspeicherung von Informationen im Gedächtnis in Beziehung setzt.

Meine Damen und Herren! Der Begriff „Integration der Wissenschaften" wird heute in Reden und Aufsätzen sehr viel strapaziert. Meines Erachtens ist es jetzt vor allem notwendig, diese Integration entsprechend dem zuletzt genannten Beispiel in unserer täglichen Arbeit zu praktizieren, um bei aller erforderlichen Vertiefung im speziellen Fachgebiet keine allzu engen Spezialisten heranzuziehen und eine gesunde Relation zwischen Erkenntnisgewinnung und Erkenntnisvermittlung herzustellen. Das in unserer Tagung behandelte Fachgebiet der Polyelektrolyte erscheint mir dabei besonders geeignet, zur engeren Verflechtung der Grundlagendisziplinen Chemie, Physik und Biologie beizutragen, dabei den vorrangig in allgemeinen, abstrakten Modellen denkenden Fachkollegen mit demjenigen zusammenzuführen, für den die konkrete nutzbare Anwendung im Vordergrund steht, und dabei gleichzeitig zur Überwindung einer teilweise noch vorhandenen und für die Polymerforschung als Ganzes schädlichen Kluft zwischen Biopolymeren und synthetischen Polymeren beizutragen. Das dank der freundlichen Bereitschaft unserer Vortragenden recht reichhaltige und ausgewogene Programm unserer Tagung schafft hierfür die besten Voraussetzungen, und ich möchte daher zum Schluß der Hoffnung Ausdruck geben, daß unsere Tagung über die Vermittlung interessanter Einzeltatsachen hinaus durch Denkanregungen und Gespräche diese Idee der Integration mit verwirklichen hilft.

Eingegangen am 11. September 1972

Lichtstreuung an verdünnten Polyelektrolytlösungen[1]

Pavel Kratochvil

Institut für makromolekulare Chemie der Tschechoslowakischen Akademie der Wissenschaften, Prag, ČSSR

DK 541.135—126:54—145:535.36

Die Besonderheiten der Lichtstreuung an verdünnten Polyelektrolytlösungen werden qualitativ diskutiert. Die Messungen erfolgen meistens mit Salzlösungen als Lösungsmitteln. Die Salzlösungen sind als Mehrkomponentenlösungsmittel zu betrachten. Durch die selektive Sorption der einzelnen Lösungsmittelkomponenten auf die Polymermoleküle wird die Interpretation der Streulichtdaten in den Mehrkomponentensystemen kompliziert. Auf Grund der differentialrefraktometrischen Messungen können gewisse Informationen über die Wechselwirkung der Lösungsmittelkomponenten mit den Polyelektrolytmolekülen ermittelt werden.

Светорассеяние в разбавленных растворах полиэлектролитов

С качественной точки зрения обсуждаются особенности светорассеяния в разбавленных растворах полиэлектролитов. Чаще всего измерения проводятся с растворами солей в качестве растворителя, причем их следует рассматривать как многокомпонентные растворители. В результате селективной сорбции отдельных компонентов растворителя молекулами полимера интерпретация данных светорассеяния в таких многокомпонентных системах осложняется. Определенную информацию о взаимодействии компонентов растворителя с молекулами полиэлектролита можно получить из дифференциально-рефрактометрических измерений.

Light Scattering from Dilute Polyelectrolyte Solutions

The pecularities of light scattering from dilute polyelectrolyte solutions are discussed qualitatively. The measurements are predominantly performed with salt solutions as solvents. The salt solutions are to be considered as multicomponent solvents. The interpretation of light scattering data in multicomponent systems is complicated by the selective sorption of the individual solvent components by the polymer molecules. Differential refractometric measurements provide information on the interaction of the solvent components with polyelectrolyte molecules.

Die Lichtstreuung an verdünnten Polyelektrolytlösungen ist durch gewisse Besonderheiten gekennzeichnet, deren Vernachlässigung bei der Auswertung der Meßergebnisse zu fehlerhaften Schlüssen führen kann. Die vorliegende Arbeit ist einer rein qualitativen Diskussion der wichtigsten, bei der Lichtstreuung an Polyelektrolytlösungen eintretenden Effekte gewidmet und ist als eine Einführungsinformation für die Polymerchemiker und -physikochemiker beabsichtigt, die sich mit der Lichtstreuung nicht direkt befassen. Was die exakte Theorie und die quantitative Beschreibung der Lichtstreuung an Polyelektrolyten anbelangt, müssen wir auf die spezialisierten Originalarbeiten hinweisen.

[1]) Vorgetragen auf dem Internationalen Mikrosymposium „Polyelektrolyte" am 8. und 9. Oktober 1972 in Rostock

1. *Besonderheiten der Lichtstreuung an verdünnten Polyelektrolytlösungen*

Bekanntermaßen ist die Lichtstreuung eine der Grundlagemethoden der Untersuchung der verdünnten Polymerlösungen. Aus den Streulichtmessungen können folgende Informationen erhalten werden: das Massemittel der rel. Molekülmasse (M_w) und der zweite Virialkoeffizient (A_2), der die thermodynamische Wechselwirkung des Polymeren mit dem Lösungsmittel charakterisiert; für Makromoleküle, deren Dimensionen mit der Wellenlänge des sichtbaren Lichtes vergleichbar sind, kann man aus der Winkelabhängigkeit der Streuintensität den Trägheitsradius der gelösten Makromoleküle,

R_G, berechnen (vgl. z. B. [1]). Neben diesen Grunddaten ist es in einigen Spezialfällen auch möglich, aus den Streulichtmessungen gewisse Schlüsse über die Polydispersität bzw. Teilchenform der Makromoleküle zu ziehen [2]. Beim Standardverfahren mißt man die Winkelabhängigkeit der Streuintensität für verschieden konzentrierte Lösungen. Die Versuchsdaten werden am häufigsten in einem *Zimm*-Diagramm [3] dargestellt und auf Nullkonzentration und Beobachtungswinkel null extrapoliert. Aus den extrapolierten Abhängigkeiten berechnet man die drei wichtigen Parameter des untersuchten Polymeren, seine rel. Molekülmasse, den zweiten Virialkoeffizienten und gegebenenfalls auch den Trägheitsradius.

Zur Illustration der qualitativen Folgerungen werden in dieser Arbeit unsere neuesten Versuchsdaten herangezogen, die wir bei der Untersuchung der Lösungseigenschaften vom neuen Typus linearer, stark kationischer Polyelektrolyte [4], der Poly[-1(2-hydroxyäthyl) pyridiniumbenzolsulfonat- bzw. -toluolsulfonatmethacrylate], erhielten. In der Folge werden diese Polymeren als quaternierte Polypyridinmethacrylate bezeichnet.

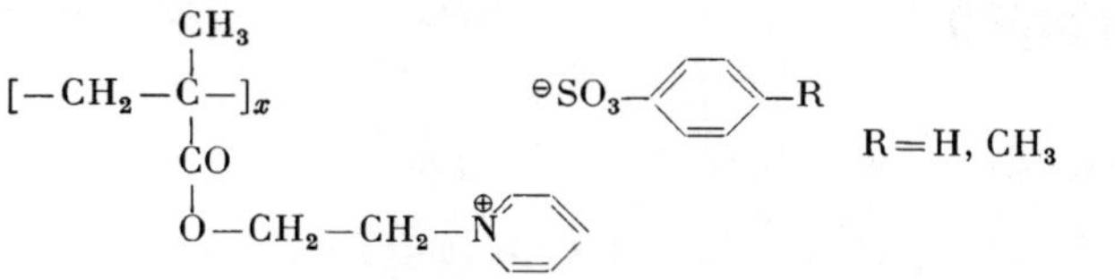

Bei der Messung an Polyelektrolytlösungen in reinem Wasser oder in reinen Alkoholen bekommen wir immer stark deformierte Winkel- und Konzentrationsabhängigkeiten (Bild 1a, b). Auf die Deutung des Unterschiedes zwischen dem Streuvermögen der wäßrigen und Alkohollösungen muß hier verzichtet werden. Jedenfalls zeigen aber die deformierten *Zimm*-Diagramme, daß aus diesen Messungen die drei Grundparameter (die rel. Molekülmasse, der zweite Virialkoeffizient und der Trägheitsradius) nicht ermittelt werden können. Das anomale Streuverhalten der Polyelektrolytlösungen in reinem Wasser oder Alkoholen ist durch den bekannten Polyelektrolyteffekt hervorgerufen [1, 5]. Die bei niedrigen Ionenstärken nur ungenügend abgeschirmten Ladungen an der Polymerkette stoßen sich ab. Dies führt zu einer beträchtlichen Expansion der Polymerketten, die sich außerdem noch mit der Polyelektrolytkonzentration ändert. Die auf diese Weise zur Geltung kommenden komplizierten innermolekularen und zwischenmolekularen Wechselwirkungen spiegeln sich dann im anomalen Streuvermögen der Lösungen wider.

Durch Zugabe von niedermolekularen neutralen starken Elektrolyten wird die Ionenstärke der Lösungen erhöht, die Ladungen an der Polymerkette werden abgeschirmt und die Expansion der Polymerkette wird unterdrückt. Die *Zimm*-Diagramme sowohl für wäßrige als auch für alkoholische Salzlösungen von Polyelektrolyten erhalten eine ganz normale Gestalt mit sämtlichen

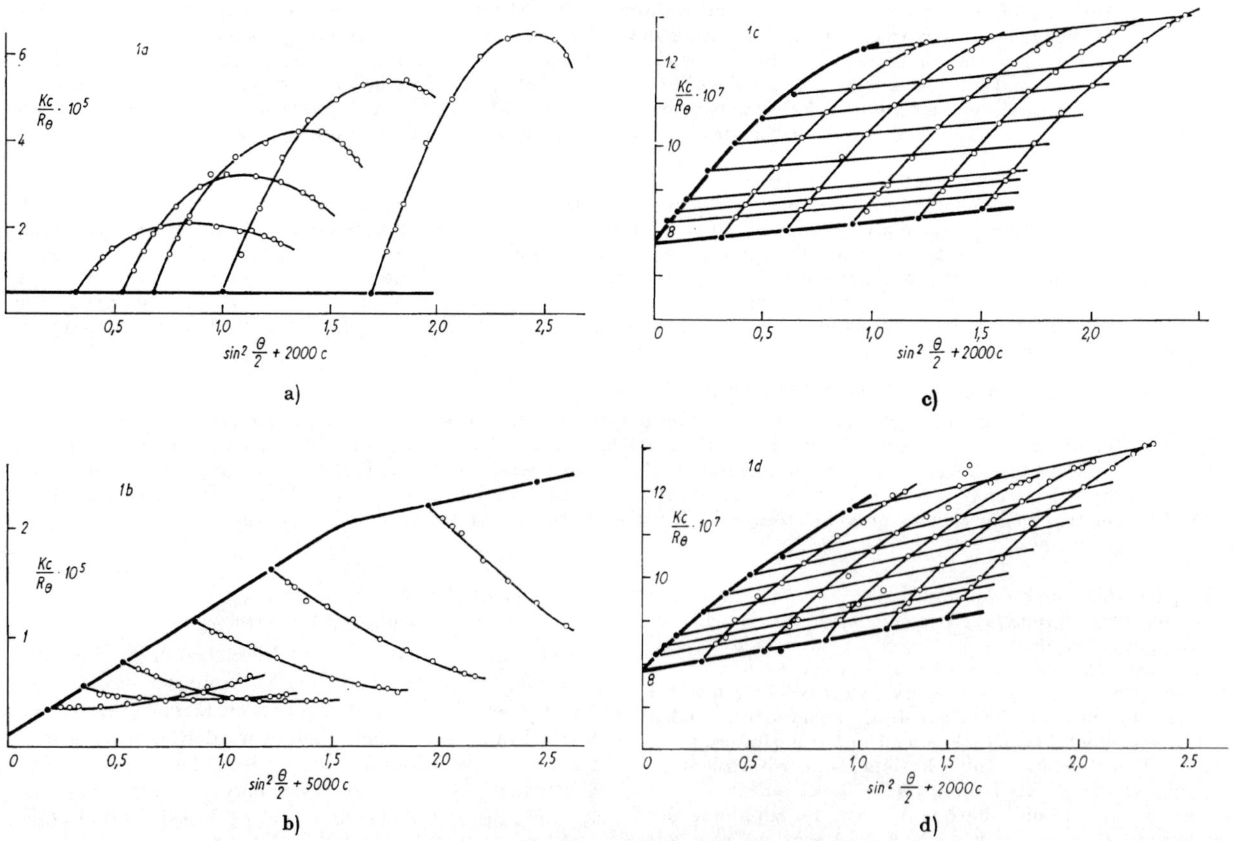

Bild 1. *Zimm*-Diagramme der Lösungen eines Poly[-1(2-hydroxyäthyl)pyridiniumtoluolsulfonatmethacrylats] in verschiedenen Lösungsmitteln

$M_w = 1{,}37 \cdot 10^6$, $\lambda_0 = 546$ nm. Lösungsmittel: (a) Wasser, (b) Methanol, (c) 0,5 M wäßriges KCl, (d) 0,5 m methanolisches LiCl.

Merkmalen der *Zimm*-Diagramme von üblichen ungeladenen Polymeren (Bild 1c, d). Es sei darauf hingewiesen, daß die Streuintensitäten der Polyelektrolytlösungen in salzfreien Lösungsmitteln ungefähr um eine Größenordnung niedriger sind, als die der Polyelektrolytlösungen mit einer gleichen Polymerkonzentration in salzhaltigen Lösungsmitteln. Dies wird durch eine gewissermaßen regelmäßige Anordnung der geladenen Polymermoleküle in den salzfreien Polyelektrolytlösungen und durch die dadurch bedingte Schwächung der Streuintensität infolge der Interferenz des an verschiedenen Polymermolekülen gestreuten Lichtes gedeutet [6].

Durch die Salzzugabe werden jedoch die Polyelektrolytlösungen zu ternären bzw. Mehrkomponentensystemen. Damit sind gewisse komplizierende Effekte verbunden, die bei der Auswertung der Meßergebnisse in Rechnung gestellt werden müssen.

2. Lichtstreuung an Polymerlösungen in Mehrkomponentenlösungsmitteln

Die exakte thermodynamische Theorie der Lichtstreuung an Lösungen von Polymeren in Mehrkomponentenlösungsmitteln wurde von kompetenten Persönlichkeiten wie *Kirkwood*, *Stockmayer*, *Casassa*, *Eisenberg*, *Vrij* u. a. formuliert (vgl. z. B. [7 bis 12]). Es ist jedoch unmöglich, im Rahmen dieser Abhandlung auf die theoretischen Vorstellungen näher einzugehen. Es sei betont, daß es vom Standpunkt der Theorie aus im Grunde genommen gleichgültig ist, ob es sich um Polyelektrolyte oder ungeladene Polymere handelt.

Betrachten wir ein Polymeres, das in einem binären Lösungsmittel gelöst ist. Die Lösungsmittelkomponente *A* ist ein besseres Lösungsmittel für das Polymere als die Komponente *B*. Das Polymere hat eine insgesamt leicht verständliche Neigung, sich vorzugsweise mit den Molekülen des besseren Lösungsmittels zu umgeben. Infolgedessen unterscheidet sich die Zusammensetzung der Solvathülle von der Zusammensetzung des Lösungsmittels im Zwischenraum zwischen den einzelnen Polymermolekülen. Dieser Effekt wird als selektive oder präferentielle Sorption oder Adsorption bezeichnet, und als ein quantitatives Maß der Größe der selektiven Sorption wurde der sogenannte Koeffizient der selektiven Sorption (γ) eingeführt.

Durch die selektive Sorption werden die optischen Eigenschaften des gelösten Polymeren geändert. Dies kann auf eine vereinfachte Weise wie folgt erklärt werden: In einem Einkomponentenlösungsmittel ist die Zusammensetzung der Solvathülle der Polymermoleküle mit der Zusammensetzung des Lösungsmittels identisch, und die Solvathülle trägt nicht zur Erhöhung der Streulichtintensität über die des reinen Lösungsmittels bei. In dieser Lösung wird die Intensität der Lichtstreuung nur durch die Gegenwart der Polymermoleküle erhöht. In Lösungsmittelgemischen ist jedoch, wie gesagt, die Zusammensetzung der Solvathülle der Polymermoleküle von der Zusammensetzung des reinen Lösungsmittels infolge der selektiven Sorption etwas verschieden. Da im allgemeinen Falle die Lösungsmittelkomponenten unterschiedliche Brechungsindexe haben, besteht ein Brechungsindexunterschied zwischen der Solvathülle der Polymermoleküle und dem umgebenden Lösungsmittel. Hieraus folgt, daß in Polymerlösungen in Mehrkomponentenlösungsmitteln nicht nur die Polymermoleküle selbst, sondern auch ihre Solvathüllen die Streuintensität beeinflussen. Je nach den Werten der Brechungsindexe des Polymeren und der Lösungsmittelkomponenten kann die von der Zusammensetzung des reinen Lösungsmittels unterschiedliche Zusammensetzung der Solvathülle der Polymermoleküle die Intensität der Lichtstreuung an den Polymermolekülen entweder erhöhen oder herabsetzen.

Wie bekannt, ist die Streulichtintensität aus einer verdünnten Polymerlösung der rel. Molekülmasse des Polymeren und dem Quadrat des Inkrementes des Brechungsindexes des Polymeren proportional. Um die rel. Molekülmasse des Polymeren ermitteln zu können, muß man den Wert des Brechungsinkrementes für das gegebene System Polymeres/Lösungsmittel kennen. Das Brechungsinkrement wird als ein Differentialquotient dn/dc definiert und charakterisiert also die Änderung des Brechungsindexes der Lösung mit der Konzentration des Polymeren. Das Brechungsinkrement ermittelt man üblicherweise aus dem mittels eines Differentialrefraktometers gemessenen Unterschied zwischen den Brechungsindexen der Polymerlösung und des Lösungsmittels. Wenn man zur Berechnung der rel. Molekülmasse des Polymeren aus Streulichtmessungen an Polymerlösungen in Lösungsmittelgemischen (d. h. also auch der Polyelektrolytlösungen in Salzlösungen) die auf die beschriebene Weise gemessenen Brechungsinkremente benutzt, so erhält man jedoch keine richtigen Werte der rel. Molekülmasse, sondern nur scheinbare Werte (M_{ap}); dies ist auf die optischen Folgen der selektiven Sorption zurückzuführen [13].

Auf Grund verhältnismäßig komplizierter thermodynamischer Betrachtungen kann folgendes gezeigt werden [9, 10, 12]: Um den optischen Effekt der selektiven Sorption zu eliminieren, muß das Brechungsinkrement unter den Bedingungen der gleichen chemischen Potentiale sämtlicher niedermolekularer (d. h. diffusionsfähiger) Komponenten sowohl in der Polymerlösung als auch im Lösungsmittel gemessen werden. Experimentell bedeutet diese Forderung, daß vor der differentialrefraktometrischen Messung ein Dialysengleichgewicht zwischen der Polymerlösung und dem Lösungsmittel eingestellt werden muß.

Wir kommen zu einer außerordentlich wichtigen Folgerung dieser Abhandlung. Aus Streulichtmessungen an Polyelektrolytlösungen in zur Unterdrückung des Polyelektrolyteffektes neutrale Salze enthaltenden Lösungsmitteln können die richtigen Werte der rel. Molekülmasse und auch der anderen Parameter (wie des zweiten Virialkoeffizienten und des Trägheitsradius) berechnet werden, wenn wir die nach der Einstellung des Dialysengleichgewichtes zwischen der Lösung und dem Lösungsmittel gemessenen Brechungsinkremente benutzen.

Zur Demonstration der Wichtigkeit der Berücksichtigung des Unterschiedes zwischen dem konventionellen und dem nach der Dialyse gemessenen Brechungsinkrement führen wir einige Versuchsdaten an (Tabelle 1). Nebst den Werten des konventionellen und „dialysierten" Brechungsinkrementes enthält die Tabelle auch das Verhältnis zwischen der scheinbaren und wahren rel. Molekülmasse. Die scheinbare rel. Molekülmasse erhält man bei der Anwendung des konventionellen Brechungsinkrementes und die wahre rel. Molekülmasse unter

Tabelle 1. Vergleich der konventionellen, $(dn/dc)_m$, und der nach der Dialyse gemessenen, $(dn/dc)_\mu$, Brechungsinkremente (in ml/g) des Poly[-1(2-hydroxyäthyl)pyridiniumbenzolsulfonat-methacrylats] in wäßrigen Salzlösungen
$M_w/M_{ap} = (dn/dc)_m^2/(dn/dc)_\mu^2$ ist das Verhältnis zwischen der wahren und der scheinbaren rel. Molekülmasse des Polymeren. λ_0 = 546 nm, 25 °C.

Lösungsmittel	$(dn/dc)_m$	$(dn/dc)_\mu$	M_w/M_{ap}
0,1 m Na-Benzolsulfonat	0,183	0,164	1,24
0,1 m KCl	0,186	0,118	2,48

Anwendung des „dialysierten“ Brechungsinkrementes. Wenn das Gegenion des Polyelektrolytes mit dem entsprechenden Ion des zugegebenen niedermolekularen Elektrolytes identisch ist, ist der Unterschied zwischen der wahren und der scheinbaren rel. Molekülmasse keinesfalls vernachlässigbar, er übersteigt jedoch nicht ein paar Zehnerprozent. Wenn sich die Gegenionen des Polyelektrolytes und die entsprechenden Ionen des niedermolekularen Elektrolytes durch ihre Größe und Refraktivität wesentlich voneinander unterscheiden, wie z. B. die Benzolsulfonat- und Chloridanionen, kann die Vernachlässigung des Unterschiedes zwischen dem konventionellen und „dialysierten“ Brechungsindexinkrement zu kolossalen Fehlern bei der Bestimmung der rel. Molekülmasse führen; z. B. im diskutierten Fall unterscheidet sich die scheinbare rel. Molekülmasse vom wahren Wert etwa zweieinhalbmal.

3. Wechselwirkung der Lösungsmittelkomponenten mit dem Polyelektrolyten

Wie bereits gesagt, werden in Polymerlösungen in Lösungsmittelgemischen gewisse Lösungsmittelkomponenten durch die Makromoleküle selektiv sorbiert, während andere Lösungsmittelkomponenten durch die Makromoleküle selektiv abgestoßen werden. In Polyelektrolytlösungen in wäßrigen Salzlösungen wird das Salz durch die Polyelektrolytmoleküle entweder präferentiell angezogen, d. h. sorbiert, oder abgestoßen, d. h. desorbiert. Man soll sich darüber klar werden, daß die selektive Sorption des Salzes äquivalent als die selektive Desorption des Wassers und umgekehrt die selektive Desorption des Salzes als die selektive Sorption des Wassers ausgedrückt werden kann.

Quantitative Angaben über das Ausmaß der selektiven Sorption oder den Wert des Koeffizienten der selektiven Sorption kann man zumeist durch die eine oder andere der zwei meistgebrauchten Methoden gewinnen: 1. Die Lichtstreuungsmethode, bei der man den Koeffizienten der selektiven Sorption aus dem Vergleich der wahren und der scheinbaren rel. Molekülmasse ermittelt (s. z. B. [14, 15]). Dabei mißt man die wahre rel. Molekülmasse in einem Einkomponentenlösungsmittel, und die scheinbare rel. Molekülmasse folgt aus der Messung im entsprechenden Lösungsmittelgemisch. Diese Methode ist bei den Polyelektrolyten oft nicht anwendbar; wie gezeigt (Bild 1a, b), liefern die Streulichtmessungen an Polyelektrolytlösungen in reinen Lösungsmitteln wegen des Polyelektrolyteffektes nichtinterpretierbare Ergebnisse. Außerdem werden oft — nicht nur bei Polyelektrolyten — die Daten durch die eintretende Aggregation des Polymeren verfälscht. 2. Die zweite Methode ist ausschließlich auf den differential-refraktometrischen Messungen begründet [14, 15]. Es kann gezeigt werden, daß der Koeffizient der selektiven Sorption dem Unterschied zwischen dem „dialysierten“ und dem konventionellen Brechungsinkrement proportional ist. Dieses Verfahren ist allgemeiner anwendbar, wird durch die etwaige Aggregation der Polymermoleküle nicht beeinflußt, und bei Polyelektrolytlösungen ist es oft die einzige mögliche Methode.

Am Beispiel der wäßrigen Salzlösungen der quaternierten Polypyridinmethacrylate werden gewisse charakteristische Merkmale der selektiven Sorption in polyelektrolythaltigen Systemen demonstriert. Aus der einfachen Theorie der *Donnan*-Membrangleichgewichte folgt, daß die Polyelektrolyte auf die niedermolekularen Elektrolyte eine abstoßende Wirkung ausüben [16]; d. h., die niedermolekularen Elektrolyte werden aus den Domänen der Polyelektrolytmoleküle selektiv desorbiert. Deutlich negative Koeffizienten der selektiven Sorption des niedermolekularen Salzes haben wir bei den untersuchten Polyelektrolyten in wäßrigen Kaliumchloridlösungen unterschiedlicher Molarität beobachtet, wobei die negative selektive Sorption mit steigender Kaliumchloridkonzentration zunimmt (Tabelle 2). In der Tabelle sind u. a. die Unterschiede zwischen den „dialysierten“ und konventionellen Brechungsinkrementen beachtenswert.

Demgegenüber wurden in wäßrigen Kaliumbromid- bzw. Natriumjodidlösungen schwach negative oder in 4 m NaJ-Lösung sogar stark positive Werte der selektiven Sorption des Salzes festgestellt. Das bedeutet, daß in diesen Fällen eine spezifische Wechselwirkung zwischen dem Polyelektrolyt und dem niedermolekularen Salz erfolgt, die die übliche *Donnan*sche Desorption des Salzes unterdrückt. Ohne in Einzelheiten zu gehen, sei es nur bemerkt, daß auch die UV-Spektroskopie und die vorläufigen elektrophoretischen Messungen auf die Bildung von Komplexen zwischen den quaternierten Polypyridinmethacrylaten und den Alkalimetallbromiden bzw. -jodiden hinweisen.

Die Messung der selektiven Sorption eines niedermolekularen Salzes ist verhältnismäßig einfach, wenn

Tabelle 2. Konventionelle, $(dn/dc)_m$, bzw. nach der Dialyse gemessene, $(dn/dc)_\mu$, Brechungsinkremente (in ml/g) und Koeffizienten der selektiven Sorption der niedermolekularen Salze, γ, des Poly[-1(2-hydroxyäthyl)pyridiniumbenzolsulfonat-methacrylats] in wäßrigen Salzlösungen

γ ist in Molen des Salzes pro Äquivalentmol des Polyelektrolytes ausgedrückt. λ_0 = 546 nm, 25 °C.

Lösungsmittel	$(dn/dc)_m$	$(dn/dc)_\mu$	γ
0,5 m KCl	0,178	0,117	−0,15
1,0 m KCl	0,174	0,114	−0,16
2,0 m KCl	0,167	0,107	−0,26
3,0 m KCl	0,161	0,100	−0,42
0,5 m KBr	0,178	0,131	−0,02
0,05 m NaJ	0,183	0,155	−0,02
4,0 m NaJ	0,121	0,119	+0,21

die Gegenionen des Polyelektrolyten mit denen des Salzes identisch sind; solche Systeme sind als Dreikomponentensysteme zu behandeln. Manchmal ist es jedoch aus experimentellen Gründen schwierig, die Gegenionen des Polyelektrolyten auszutauschen, und die Messungen der selektiven Sorption müssen mit verschiedenen Gegenionen des Polyelektrolyten und des niedermolekularen Salzes erfolgen. Im Prinzip handelt es sich in diesem Falle um Vierkomponentensysteme. Wenn aber die vierte Komponente — das den Gegenionen des Polyelektrolyten entsprechende niedermolekulare Salz — nur gemeinsam mit dem Polyelektrolyt eingeführt wird, so besteht eine direkte Proportionalität zwischen den Konzentrationen des Polyelektrolyten und dieses Salzes. Die das Vierkomponentensystem beschreibenden Beziehungen werden einfacher, und der Koeffizient der selektiven Sorption des eine Komponente des Lösungsmittels bildenden niedermolekularen Salzes kann auf Grund der Brechungsinkremente der einzelnen Komponenten des Systems verhältnismäßig leicht ermittelt werden [17].

Zusammenfassung

1. Um interpretierbare Konzentrations- und Winkelabhängigkeiten der Intensität der Lichtstreuung an verdünnten Polyelektrolytlösungen zu erhalten, müssen als Lösungsmittel die Lösungen starker niedermolekularer Elektrolyte herangezogen werden.

2. Solche Systeme sind als Polymerlösungen in Mehrkomponentenlösungsmitteln zu betrachten. Ihre korrekte Beschreibung ist nur mittels der Ansätze der Thermodynamik der Mehrkomponentensysteme möglich.

3. Zur richtigen Deutung der Streulichtmessungen an Polymerlösungen in Mehrkomponentenlösungsmitteln (d. h. also auch an in Salzlösungen gelösten Polyelektrolyten) müssen die Brechungsindexinkremente nach der Einstellung des Dialysengleichgewichtes zwischen der Polymerlösung und dem Lösungsmittel ermittelt werden.

4. Auf Grund der differentialrefraktometrischen Messungen wurden die Koeffizienten der selektiven Sorption der niedermolekularen Salze aus wäßrigen Lösungen durch das Poly[-1(2-hydroxyäthyl)pyridiniumbenzolsulfonatmethacrylat] berechnet und Schlüsse über eine spezifische Wechselwirkung zwischen den Jodid- bzw. Bromidionen und den Polyelektrolytmolekülen gezogen.

Die Versuchsdaten wurden der Diplomarbeit von Herrn *Jaroslav Stejskal* entnommen, die im Institut für makromolekulare Chemie der Tschechoslowakischen Akademie der Wissenschaften in Prag in den Jahren 1971 und 1972 unter der Leitung des Autors ausgearbeitet wurde.

Literatur

[1] *Tanford, C.:* Physical Chemistry of Macromolecules. New York: John Wiley & Sons 1961.
[2] *Kratochvil, P.:* Particle scattering functions. In: Light Scattering from Polymer Solutions (*M. B. Huglin*, Editor). London: Academic Press 1972.
[3] *Zimm, B. H.:* Apparatus and methods for measurement and interpretation of the angular variation of light scattering; preliminary results on polystyrene solutions. J. chem. Physics **16** (1948) S. 1099–1116.
[4] *Beneš, M. J., Holata, J., Peška, J.,* und *Štamberg, J.:* Quaternary ammonium methacrylates: synthesis and polymerization. Vortrag, gehalten auf dem Internationalen Mikrosymposium „Polyelektrolyte", Rostock, Oktober 1972. Vgl. Faserforsch. Textiltechnik **24** (1973) 2.
[5] *Stacey, K. A.:* Light-Scattering in Physical Chemistry. London: Butterworths 1956.
[6] *Hyde, A. J.,* und *Taylor, R. B.:* Light-scattering studies on model polyelectrolyte systems. In: Solution Properties of Natural Polymers. Special Publication No. 23, The chemical Society, London 1968, S. 325–333.
[7] *Kirkwood, J. G.,* und *Goldberg, R. J.:* Light scattering arising from composition fluctuations in multi-component systems. J. chem. Physics **18** (1950) S. 54–57.
[8] *Stockmayer, W. H.:* Light scattering in multi-component systems. J. chem. Physics **18** (1950) S. 58–61.
[9] *Casassa, E. F.,* und *Eisenberg, H.:* On the definition of components in solutions containing charged macromolecular species. J. physic. Chem. **64** (1960) S. 753 bis 756.
[10] *Eisenberg, H.:* Multicomponent polyelectrolyte solutions. Part I. Thermodynamic equations for light scattering and sedimentation. J. chem. Physics **36** (1962) S. 1837 bis 1843.
[11] *Vrij, A.,* und *Overbeek, J. Th. G.:* Scattering of light by charged colloidal particles in salt solutions. J. Colloid Sci. **17** (1962) S. 570–588.
[12] *Casassa, E. F.,* und *Eisenberg, H.:* Thermodynamic analysis of multicomponent solutions. Adv. Protein Chem. **19** (1964) S. 287–395.
[13] *Cowie, J. M. G.:* The application of light scattering to the investigation of preferential adsorption effects in quasi-ternary systems. Pure appl. Chem. **23** (1970) S. 355–373.
[14] *Tuzar, Z.,* und *Kratochvil, P.:* Light scattering. XVIII. The behaviour of polymers in mixed solvents. Coll. czechoslov. chem. Commun. **32** (1967) S. 3358–3370.
[15] *Kratochvil, P.,* und *Tuzar, Z.:* Notes on differential refractometry and light scattering of polymer or copolymer solutions in mixed solvents. Chem. Zvesti **25** (1971) S. 190–195.
[16] *Cohen, G.,* und *Eisenberg, H.:* Deoxyribonucleate solutions: sedimentation in a density gradient, partial specific volumes, density and refractive index increments, and preferential interactions. Biopolymers **6** (1968) S. 1077–1100.
[17] *Stejskal, J.,* und *Kratochvil, P.:* An investigation of the interaction of a polyelectrolyte with low molecular weight electrolytes containing nonidentical counterions by differential refractometry. J. Polymer Sci., A-2: Polymer Physics im Druck.

Eingegangen am 20. September 1972

Strukturbildung in wäßrigen Lösungen des Polyelektrolyten K-4[1])

E. A. Aripov

Chemisches Institut der Usbekischen Akademie der Wissenschaften, Taschkent, UdSSR

DK 541.135—126:678.745.32:54—145:539.2

Der Polyelektrolyt K-4 ist das Reaktionsprodukt einer polymeranalogen Umwandlung von Polyacrylnitril unter Einwirkung von NaOH. Die Makromolekülkette enthält als funktionelle Gruppen Amid-, Imid-, Carboxyl- (in Form von COOH- und COO^--) sowie Nitrilgruppen (Spuren). Lösungen von K-4 sind mikroheterogen und bestehen aus globulären und fibrillären übermolekularen Strukturelementen. Der Einfluß der Alterung, der Temperatur, der Konzentration, des pH-Wertes sowie von Elektrolyten und schwachen magnetischen Feldern auf den Ionisierungsgrad der funktionellen Gruppen wurde betrachtet. Ein Zusammenhang zwischen dem Verhältnis der übermolekularen Strukturen und der Strukturbildung in der Lösung des Polyelektrolyten K-4 wurde festgestellt.

Структурообразование в водных растворах полиэлектролита К-4

Полиэлектролит К-4-продукт реакции полимераналогичных превращений полиакрилонитрила едким натром. В цепи макромолекул содержатся амидные, имидные, карбоксильные в виде COO^- и COOH, нитрильные (следы) функциональные группы. Растворы К-4 микрогетерогенные и состоят из глобулярных и фибриллярных надмолекулярных структурных элементов. Рассмотрено влияние старения, температуры, концентрации, pH, электролитов, слабых магнитных полей на степень ионизации функциональных групп. Установлена зависимость между соотношением элементов надмолекулярных структур и структурообразованием в растворе полиелектролита К-4.

Structure Formation of the Polyelectrolyte K-4 in Aqueous Solutions

By polymer-analogous conversion of polyacrylonitrile with sodium hydroxide a polyelectrolyte, designated K-4, was prepared. The polymer chain contains functional amide-, imide-, carboxyl- ($COOH^-$ and COO^-) and nitrile groups (traces). The solutions of K-4 are microheterogeneous and consist of globular and fibrillar supramolecular structural elements. The effects of ageing, temperature, concentration, pH-value, electrolytes and weak magnetic fields on the degree of ionisation of the functional groups was investigated. A relationship between the ratio of the supramolecular structural elements and the structure formation in solution of the polyelectrolyte K-4 was established.

Das wasserlösliche Polymere K-4, das in verschiedenen Zweigen der Volkswirtschaft Verwendung findet, ist das Produkt einer unter schonenden Bedingungen unvollständigen Verseifung von Polyacrylnitril (PVY)) mit NaOH bei einem Verhältnis der Reagenzien von 1:0,4 [1, 2]. Gemäß den UV-Spektren der Lösungen und den IR-Spektren von Produkten unterschiedlichen Verseifungsgrades von PVY mit NaOH treten in der Makromolekülkette dieses Polymeren Amid-, cyclische Imid- sowie Carboxylgruppen in Form von COOH- und COO^--Gruppen sowie Nitrilgruppen (Spuren) auf. Dabei stellen die Imid- und Amidgruppen Zwischenprodukte der Verseifung dar, die bei längerer Lagerung des Polymeren einer weiteren Hydrolyse unterliegen können. Diese aktiven funktionellen Gruppen des Polymeren, die hydrophil sind, dissoziieren in wäßriger Lösung. Deshalb zählt dieses Polymere zur Klasse der Polyelektrolyte mit Ampholyteigenschaften [3].

Die Lösung von K-4 ist schwach alkalisch, und der pH-Wert erhöht sich mit zunehmendem Gehalt des Polymeren in der Volumeneinheit, und zwar von 7,05 für eine Lösung mit einer Konzentration von 10^{-3} g/100 ml Wasser auf 8,20 für eine solche mit einem Gehalt von $5 \cdot 10^{-1}$ g/100 ml Lösung (Bild 1). Der isoelektrische Punkt liegt im pH-Bereich 3 bis 4, und die Kurve η_{spez}-pH einer 0,05%igen Lösung weist zwei Maxima in den pH-Bereichen 2,5 bis 3,5 und 7,4 bis 7,8 und ein Minimum bei pH $\approx$ 4,0 auf (Bild 2). Das Verhältnis der η_{spez}-Werte im ersten Maximum zu denen im zweiten Maximum der η_{spez}-pH-Kurve beträgt etwa 1:10. Mit anderen Worten, der Ionisierungsgrad der funktionellen Gruppen des Polymeren K-4 ist im sauren Milieu zehnmal geringer als im alkalischen.

Man muß annehmen, daß im sauren Milieu auf Grund der niedrigen Dissoziationskonstante der Amidgruppen die innermolekularen Anziehungskräfte die elektrostatischen Abstoßungskräfte übersteigen und das Makromolekül die Gestalt des statistischen Knäuels annimmt. Das wird durch elektronenmikroskopische Untersuchungen bestätigt.

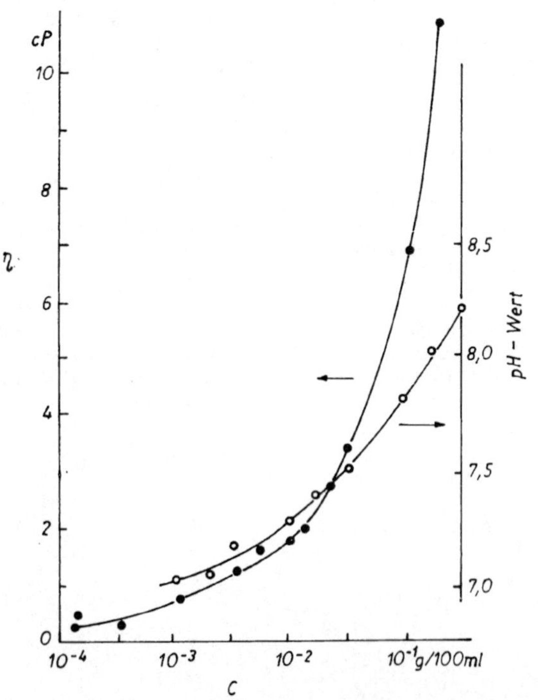

Bild 1. Änderung der Viskosität und des pH-Wertes von K-4-Lösungen mit der Konzentration

[1]) Vorgetragen auf dem Internationalen Mikrosymposium „Polyelektrolyte" am 8. und 9. Oktober 1972 in Rostock.

Die Erhöhung des pH-Wertes von einem Wert an, der dem ersten Maximum in der η_{spez}-pH-Kurve entspricht, ruft eine Zunahme des sauren Charakters der Amidgruppen hervor, und infolge eines Donator/Akzeptor-Prozesses bilden sich die Natriumsalze der Amide, die in wäßriger Lösung leicht dissoziieren. Das führt zu einer Erhöhung der Zahl geladener funktioneller Gruppen in dem Kettenmolekül des Polymeren K-4, und auf Grund der elektrostatischen Abstoßung streckt sich das Makromolekül. Dieser Prozeß setzt sich bis zum zweiten Maximum in der η_{spez}-pH-Kurve fort. Eine weitere Steigerung des pH-Wertes erhöht die Konzentration an niedermolekularen Ionen, die die Ladungen an der Makromolekülkette des Polymeren abschirmen. Dabei knäuelt sich das Makromolekül teilweise zusammen, so daß die spezifische Viskosität der Lösung sinkt.

Es ist zu erwähnen, daß die Viskositätsabhängigkeit der K-4-Lösungen vom pH-Wert mit der Viskositätsänderung von Polyacryl- und Polymethacrylsäure identisch ist [4]. Man kann also das Polymere K-4, soweit es sich um alkalische Lösungen handelt, als Polyacrylat der Alkalimetalle betrachten. So stellt der Polyelektrolyt K-4 im sauren Medium ein Polykation und im alkalischen ein Polyanion dar.

Es ist bekannt, daß bei der Auflösung des Polymeren eine Aufweitung der Molekülgestalt stattfindet, die sowohl durch geometrische Faktoren als auch durch energetische Wechselwirkungen bedingt ist, die vom Charakter des Lösungsmittels abhängen [5]. Im Falle des Polyelektrolyten K-4 ist diese dafür verantwortlich, daß zwischen den Makromolekülen Kontakte auftreten, dank derer sogar sehr verdünnte Lösungen (etwa $2 \cdot 10^{-3}$ g/ 100 ml dieses Polymeren eine anomale Viskosität aufweisen (Bild 1) und in diesen Lösungen Assoziate vom fibrillären Typ übermolekularer Strukturen gebildet werden, und zwar mit Abmessungen von 0,03 bis 0,2 µm in der Breite und von 0,05 bis 0,5 µm in der Länge. Mit Erhöhung der Konzentration in der Lösung von 10^{-4} g/100 ml auf 10^{-3} g/100 ml schließen sich diese Struktureinheiten zu garbenartigen Gebilden zusammen (Bild 3a); aus ihnen formieren sich bei Konzentrationen von $5 \cdot 10^{-3}$ bis 10^{-2} g/100 ml lose Filme. In relativ hochkonzentrierten Lösungen (10^{-1} g/100 ml) entstehen formlose Aggregate (Bild 3b).

Unter der Annahme, daß

a) die funktionellen Gruppen in dem Polymeren K-4 längs der Kette gleichmäßig verteilt sind,
b) die Wechselwirkung der Makromoleküle des Polymeren untereinander über die funktionellen Gruppen unter Ausbildung von Wasserstoffbrückenbindungen erfolgt,
c) die Makromoleküle sich parallel zueinander anordnen,

haben wir die Anzahl der Makromoleküle einer Fibrille berechnet; diese Anzahl schwankt zwischen 5 und 12.

Die Lösungen des Polyelektrolyten K-4 sind vom Standpunkt der Theorie der übermolekularen Strukturbildung mikroheterogen; in ihnen tritt neben dem fibrillären auch der globuläre Strukturtyp mit einem Durchmesser von etwa 0,2 µm auf. Im Gegensatz zu den Knäueln von PVY ist für sie ein stärkerer Quellungszustand charakteristisch. Offensichtlich sind diese Lösungen Zwischenprodukte, die bei der unvollständigen Verseifung von PVY mit NaOH entstehen, denn mit Zunahme der Reaktionsdauer der polymeranalogen Umsetzung und Erhöhung der Temperatur verringert

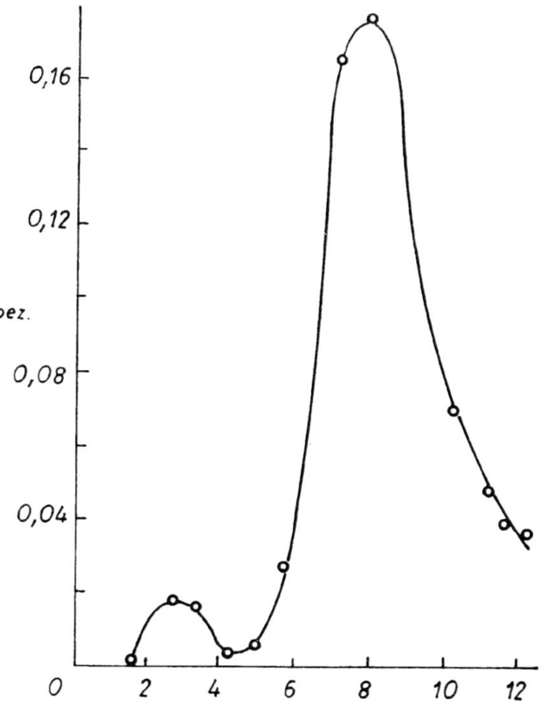

Bild 2. Abhängigkeit der spezifischen Viskosität der Lösung ($C = 5 \cdot 10^{-3}$ g/l) von K-4 vom pH-Wert

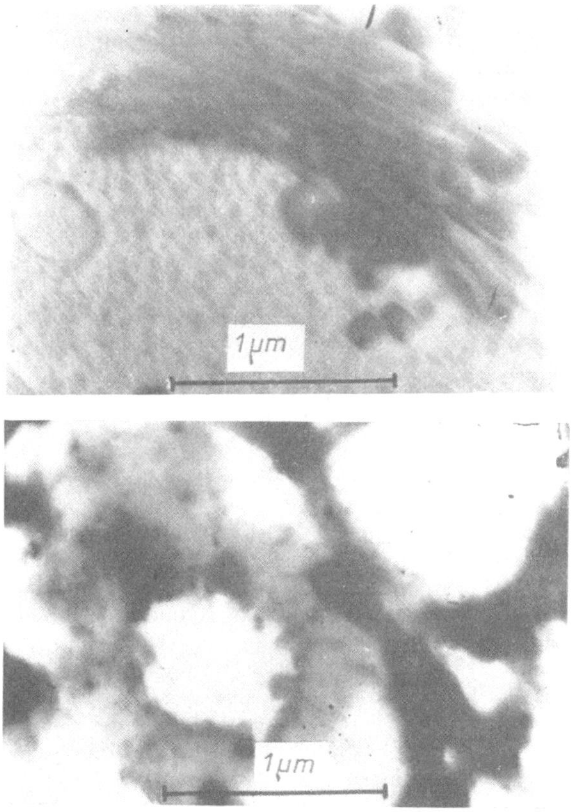

Bild 3. Änderung der übermolekularen Struktur von K-4 in Abhängigkeit von der Konzentration der Lösung (Vergr.: 30000)
a) $1 \cdot 10^{-4}$ g/l b) $1 \cdot 10^{-2}$ g/l

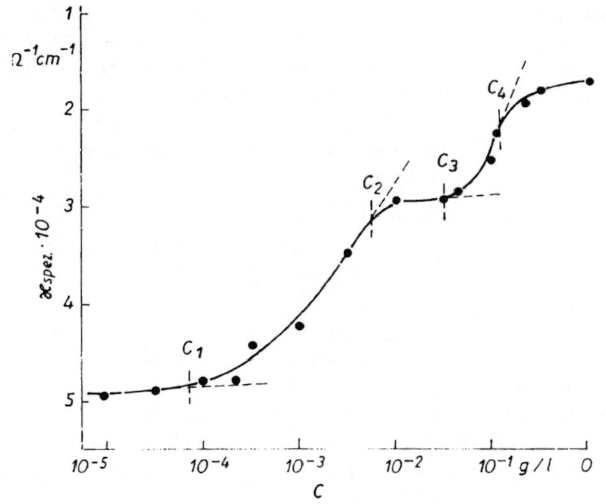

Bild 4. Änderung der spezifischen Leitfähigkeit von K-4 mit der Konzentration

sich der Anteil an Knäueln in den Lösungen der PVY-Hydrolysenprodukte, und in Übereinstimmung damit steigt die Intensität der Bildung fibrillärer Fäden in der Größenordnung von einigen Hundert Angström, die sich ohne gegenseitige Durchdringung zu einer Struktur vereinigen; die Fibrillen besitzen keine hinreichende Ausdehnung und haben keine bestimmte Zusammensetzung, so daß man sie nicht als getrennte Phase zu betrachten hat.

Der Konzentrationswert, bei dem die Fibrillenbildung, ihre Aggregation bzw. die Bildung ausgedehnter Netzstrukturen in der K-4-Lösung einsetzt, wurde durch Messung der Leitfähigkeitsänderung in Abhängigkeit vom K-4-Gehalt in der Lösung bestimmt (Bild 4). Der Zusammenhang $\varkappa - C$ ist kompliziert: Mit Zunahme der Konzentration an K-4 in der Lösung bleibt die spezifische Leitfähigkeit anfangs fast konstant und beginnt bei der Konzentration $C_1 = 0{,}7 \cdot 10^{-5}$ g/l zu steigen. Bei der Konzentration $C_2 = 9{,}2 \cdot 10^{-3}$ g/l stabilisiert sich $\varkappa$ und wächst bei der Konzentration $C_3 = 5{,}2 \cdot 10^{-2}$ g/l erneut an; eine erneute Verlangsamung in der Zunahme der spezifischen Leitfähigkeit der Polyelektrolytlösung beginnt bei der Konzentration $C_4 = 1{,}2 \cdot 10^{-1}$ g/l.

Durch Vergleich dieser Werte mit elektronenmikroskopischen Daten, die bei der Untersuchung der Strukturbildung in den Lösungen der Hydrolysenprodukte von Polyacrylnitril erhalten wurden, stellten wir fest, daß der Wert C_1 in der $\varkappa$-C-Kurve dem Beginn der Assoziation (Fibrillenbildung) der Makromoleküle des Polyelektrolyten K-4 entspricht. Bei der Konzentration C_2 beginnt die Assoziation der Fibrillen; die Aggregation dieser Assoziate setzt bei C_3 und die Bildung von Raumstrukturen bei C_4 ein.

Die elektrische Leitfähigkeit der Lösungen, die sowohl den Polyelektrolyten K-4 als auch den gewöhnlichen Elektrolyten NaOH enthalten, ist als Summe der Einzelbeiträge zu betrachten, die durch die kleinen Ionen und durch die Polyanionen geleistet werden. Nach *Fujita* und *Hermans* [6], die eine Analogie zwischen der elektrophoretischen Wanderung des Polyanions und der Wanderung eines frei durchspülbaren Knäuels festgestellt haben, darf man annehmen, daß die Beweglichkeiten der kleinen Ionen in der Lösung des Polyelektrolyten K-4 und in der Lösung eines normalen Salzes (im vorliegenden Fall der Lauge), die eine andere Ionenstärke hat, gleich sind. Dazu ist jedoch erforderlich, daß die abschirmende Länge des Polyions klein ist gegenüber der hydrodynamisch beanspruchten Länge. Diese Bedingung wird nach Aussagen von *Morawetz* [7] sogar bei mittleren Salzkonzentrationen erfüllt. Bedingungen, unter denen die Makromoleküle des Polyelektrolyten K-4 nicht miteinander verbunden sind und sich völlig selbständig in Form eines statistischen Knäuels bewegen, kann man für Lösungen annehmen, deren Konzentration unterhalb $8{,}7 \cdot 10^{-5}$ g/l liegt.

Die elektrische Leitfähigkeit einer K-4-Lösung wird bestimmt durch die Zahl, die spezifische Ladung und die Beweglichkeit der Teilchen in der Lösung und ist bedingt durch das elektrische Leitvermögen der strukturkinetischen Einheiten des Polyelektrolyten K-4, durch die Gegenionen (mizellares Leitvermögen [8]) und durch das Flüssigkeitsvolumen und die darin enthaltenen Ionen (intermizellares Leitvermögen [8]). Die Größe λ/M ist die Funktion: Beweglichkeit der Polyionen/rel. Molekülmasse des K-4, die 219000 beträgt. Diesen Wert bestimmten wir entsprechend [9] nach der Formel $M_x = M\, 0{,}032\, [(N_1 - N_2) + 1]$, worin M_x die rel. Molekülmasse des Polyelektrolyten, M die des Ausgangs-PVY, N_1 der Stickstoffgehalt im PVY und N_2 der Stickstoffgehalt im K-4 ist. λ/M sinkt mit zunehmender Polymerkonzentration, und in der λ/M-C-Kurve tritt keinerlei Extremwert auf (Bild 5). Das spricht dafür, daß der Übergang von der einfachen zu den komplizierteren übermolekularen Strukturen in der Lösung kontinuierlich erfolgt.

Der Übergang von der mizellaren Leitung zur intermizellaren muß scharf sein, weil die Beweglichkeit der die Ladung transportierenden Teilchen in verdünnter Lösung sich stark von der Beweglichkeit der Ladungsüberträger in konzentrierten K-4-Lösungen unterscheidet. Offensichtlich kann man diesen Übergang bestimmen, wenn man von der Annahme ausgeht, daß die innere Viskosität des Systems K-4/Wasser auf Grund des Strukturbildungsprozesses in den Polymerlösungen nicht der makroskopischen, experimentell bestimmten Viskosität entspricht. Zu diesem Zwecke wurde das Produkt aus der spezifischen Leitfähigkeit und der spez. Viskosität der K-4-Lösung in Abhängigkeit von der Polymerkonzentration in der Lösung auf-

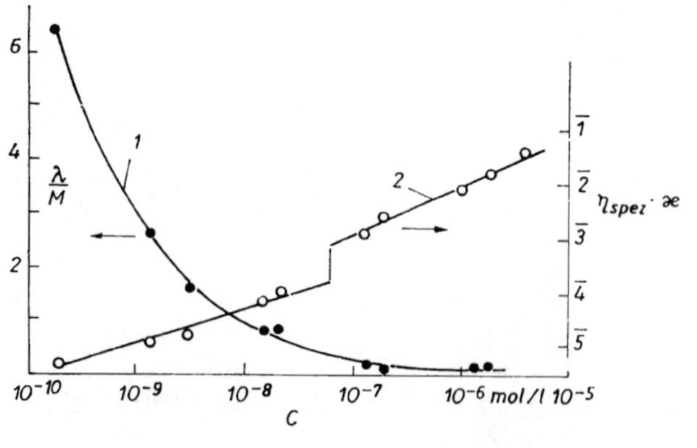

Bild 5. Abhängigkeit von $\frac{\lambda}{M}$ (1) und $\beta e \cdot \eta_{spez}$ (2) von der $\varkappa$-4-Konzentration

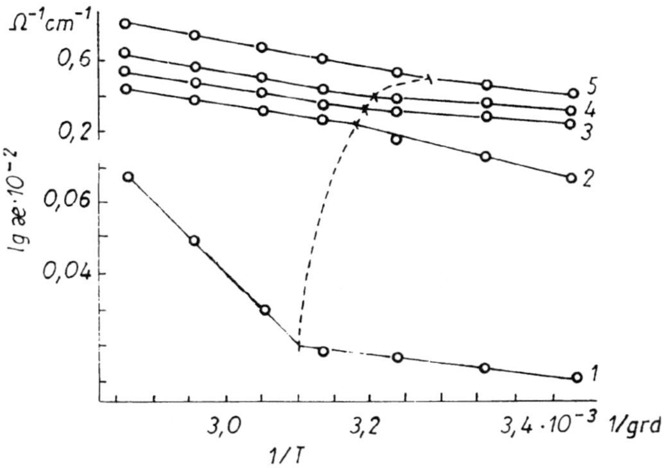

Bild 6. Logarithmus der elektrischen Leitfähigkeit von K-4-Lösungen in Abhängigkeit von der reziproken Temperatur 1- (1), 3- (2), 5- (3), 7- (4) und 10%ig (5)

getragen. (Bild 5, Kurve 2). Bei Konzentrationen unterhalb $7{,}5 \cdot 10^{-8}$ mol/l ergibt sich für die Beziehung $(\eta_{spez} \cdot \varkappa) = f(C)$ eine andere Neigung als in Lösungen höherer Konzentration. In diesem Zusammenhang muß man Lösungen mit niedrigerer Konzentration als dieser als verdünnt und die mit höherer Konzentration als konzentriert bezeichnen. Der Übergang von der verdünnten zur konzentrierten Lösung erfolgt bei der Konzentration, bei der die Aggregation der übermolekularen Strukturelemente stattfindet (Punkt $C_3 = 5 \cdot 10^{-2}$ g/l in der Kurve $\varkappa$-C Bild 4).

Die elektrische Leitfähigkeit der K-4-Lösungen wächst mit steigender Temperatur (von 5 auf 75 °C) der Polyelektrolytlösung. Die Beziehung lg $\varkappa$ als f $(1/T)$ ist in einem engen Temperaturintervall linear, zeigt aber in einem breiten Intervall für Lösungen mit Konzentrationen von $5 \cdot 10^{-4}$ bis 10^{0} g/l Knickpunkte zwischen 25 und 45 °C (Bild 6). Die Aktivierungsenergie der elektrischen Leitfähigkeit für Lösungen mit Konzentrationen von $5 \cdot 10^{-3}$, $5 \cdot 10^{-2}$ und 10^{-1} g/l beträgt 1,04, 1,46 und 3,98 J/g, für 7%ige Lösungen $8{,}5 \pm 0{,}5$ J/g und für 10%ige $10 \pm 0{,}2$ J/g. Jedoch ist der Wert im Gebiet niederer Temperatur fast um 1/2 bis 1/3 kleiner als im Bereich höherer Temperatur. Folglich erhöht sich mit steigender Temperatur die Festigkeit der in der Polyelektrolytlösung gebildeten Struktur. Aus diesem Grunde muß die Energie nicht zur Aktivierung der Leitfähigkeit der Polyelektrolytlösung insgesamt beitragen, sondern ist als Aktivierungswärme zu betrachten, die von den Elektrizitätsüberträgern in der Lösung zur Überwindung des Widerstandes seitens der Struktur der Lösung aufgewendet wird. Das wird auch dadurch bestätigt, daß der Wert für die Aktivierungsenergie des viskosen Fließens (der Reibung) zwischen 50 und 75 °C um 25 bis 30% größer ist als zwischen 5 und 40 °C.

Die Arbeiten zeigten, daß die Beziehung log η_{spez} als $f(1/T)$ ebenfalls in einem engen Intervall linear ist, in einem breiten Intervall aber Wendepunkte bei 25, 35 und 55 °C vorhanden sind, die sich mit Erhöhung der Konzentration in Richtung höherer Temperaturen verschieben. Die aus der Neigung der Kurven log $\eta_{spez} = f(1/T)$ im Temperaturintervall 15 bis 75 °C berechnete mittlere Aktivierungsenergie beträgt z. B. für eine 1%ige K-4-Lösung 26,7 J/g und sinkt mit steigender Konzentration in der Lösung ab (für eine 10%ige Paste beträgt sie 12,2 J/g). Die Abnahme der Aktivierungsenergie des viskosen Fließens mit steigender Polyelektrolytkonzentration hängt damit zusammen, daß mit Erhöhung des Polymergehaltes in der Volumeneinheit der Lösung die Zahl der sich reibenden anisodiametrischen Teilchen (Fibrillen) im Lösungsvolumen abnimmt und die Zahl der formlosen Gebilde anwächst.

Die Änderung der spezifischen Viskosität der K-4-Lösungen mit der Temperatur kann nicht allein mit der Änderung des Schergefälles bei Verringerung der absoluten Viskosität der Lösung infolge Temperaturerhöhung zusammenhängen. In diesem Falle müßte die Viskositätsänderung der Lösungen groß sein. Im Experiment wird jedoch eine geringere Abnahme der Viskosität der Lösungen mit Erhöhung der Temperatur beobachtet. Der in den Kurven log η_{spez} — $1/T$ und auch in den Kurven log $\varkappa$ — $1/T$ in einem sehr engen Temperaturbereich auftretende Knick erklärt sich ziemlich einleuchtend mit einer Änderung der hydrodynamischen Eigenschaften der strukturkinetischen Einheiten (Makromolekül, übermolekulare Struktur), die infolge ihrer kollektiven Wanderung aus der stärker geknäuelten in die weniger geknäuelte Konformation übergehen. In diesem Prozeß spielt die Änderung der Struktur des Wassers keine geringe Rolle.

Es ist bekannt, daß die Dipolmoleküle des Wassers keine einfachen Ansammlungen, sondern zweidimensionale Strukturen bilden und Aggregate in Form von Ringen unterschiedlicher Konfiguration und von linearen Ketten dieser Ringe [10] darstellen und daß sie auch danach trachten, sich in tetraedrischer Koordination entsprechend der Struktur des Eises zu orientieren [11]. Die thermischen Translationsbewegungen, deren Intensität mit steigender Temperatur anwächst, zerstört jede Struktur des Wassers, wobei günstige Bedingungen für die verstärkte Wechselwirkung der Wassermoleküle mit den Teilchen der gelösten Stoffe geschaffen werden. Das trägt einerseits zu einer Verstärkung der Hydratation und damit zur Hydrolyse der funktionellen Gruppen mit Zwischenproduktcharakter und Verstärkung der elektrolytischen Dissoziation bei, dank derer die elektrostatischen Abstoßungskräfte der funktionellen Gruppen in der Makromolekülkette des K-4 die innermolekularen Assoziationskräfte überwinden, so daß der globuläre Typ übermolekularer Strukturen in die fibrilläre Form übergehen kann. Damit erklärt sich auch die Tatsache, daß ein Erwärmen der K-4-Lösungen deren Alterung beschleunigt. Es ist anzunehmen, daß die Wechselwirkung mit den Wassermolekülen um so stärker wird, je höher die Konzentration des gelösten Stoffes ist. Tatsächlich ändert sich das Verhältnis der Differenzen von ΔE_2 für Lösungen der Konzentration $5 \cdot 10^{-3}$, $5 \cdot 10^{-2}$ und 10^{-1} g/l und ΔE_1 für Wasser in folgender Weise:

$$\Delta(\Delta E_2 - \Delta E_1)_1 : \Delta(\Delta E_2 - \Delta E_1)_2 : \Delta(\Delta E_2 - \Delta E_1)_3 = 1:3:9.$$

Zweifellos ist einer der Gründe für die Änderung der hydrodynamischen Eigenschaften der Makromoleküle von K-4, auf Grund derer ihr kollektiver Übergang aus der einen in die andere Konfiguration erfolgt, die Änderung der Wasserstruktur, und zwar nicht nur in der Lösung, sondern auch in „unmittelbarer Nähe der Teilchen der gelösten Stoffe" [12].

Mittels Elektronenmikroskopie, Viskosimetrie und Nephelometrie untersuchten wir den Einfluß von Salzen (der Chloride von Lithium, Natrium, Calcium, Magnesium, Beryllium und Barium sowie des Aluminiumnitrats in Mengen von 1 bis 1000000 mval Kation auf 1 g trockenes Polymeres) auf die Strukturbildung in den Lösungen des Polyelektrolyten K-4. Die durchgeführten elektronenmikroskopischen Untersuchungen zeigten, daß sich bei Zusatz der Chloride von Natrium und Kalium zur K-4-Lösung in einer Konzentration von 10^{-4} g/l die Formen der übermolekularen Fibrillenstruktur nicht wesentlich änderten. Bei Zusatz der Chloride von Calcium und Barium änderte sich die Form der übermolekularen Strukturen stark; es entstand der globuläre Strukturtyp, der für das Bariumsalz der Polyacrylsäure charakteristisch ist [13]. Die Knäuel sind zu großen flockenartigen Aggregaten vereinigt. Wenn der Zusatz des Elektrolyten zur Bildung eines in Wasser unlöslichen Salzes des Polyelektrolyten K-4 führt, dann gehen vorrangig die Makromoleküle des K-4 aus der Lösung in die Fällung über, wobei die übermolekularen Strukturen (Fibrillen) in Makromoleküle zerfallen, die mit dem Elektrolyten in Wechselwirkung treten. In dem Fall, daß das der Polyelektrolytlösung zugesetzte Salz nicht die Bildung eines in Wasser schwerlöslichen Salzes von K-4 hervorruft, treten die Elektrolytionen in eine adsorptive Wechselwirkung mit den funktionellen Gruppen des Polyelektrolyten; dabei werden die innermolekularen Wasserstoffbrückenbindungen gesprengt, und auf Grund der erhöhten Ladung der funktionellen Gruppen streckt sich das Makromolekül, wenn es vorher geknäuelt vorlag. Bei höheren Elektrolytzusätzen erhöht sich die Ladungsdichte der funktionellen Gruppen, und das Makromolekül beginnt, sich bis zu dem bekannten Grenzwert zusammenzuknäueln.

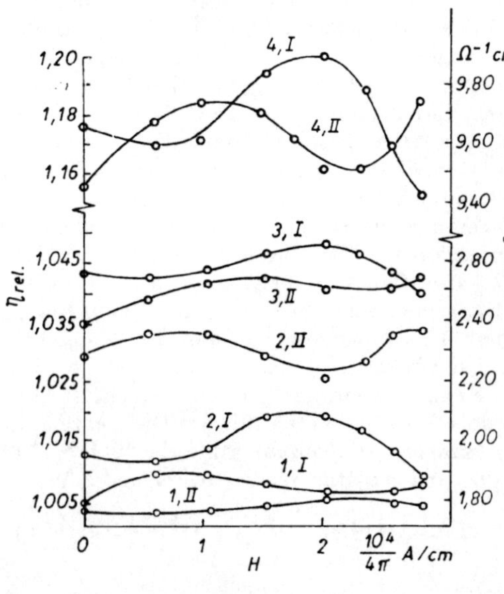

Bild 7. Änderung der Viskosität (I) und der elektrischen Leitfähigkeit (II) der K-4-Lösungen mit der magnetischen Feldstärke

1. $1 \cdot 10^{-5}$ g/l 2. $5 \cdot 10^{-5}$ g/l
3. $1 \cdot 10^{-4}$ g/l 4. $5 \cdot 10^{-4}$ g/l

So stellt die Wechselwirkung zwischen dem Elektrolyten und dem Polyelektrolyt K-4 einen chemischen Prozeß dar. Man kann erwarten, daß dieser von der polarisierenden Wirkung des Kations abhängen wird. Tatsächlich ist der Verbrauch an Kationen für eine vollständige Bindung des Polymeren um so geringer, je größer deren polarisierende Wirkung ist. Die Menge an Kationen bei maximaler Bindung in Beziehung zu ihrer polarisierenden Wirkung ändert sich wie folgt:

$$Li^+ : Na^+ : K^+ = 1 : 2{,}5 : 4{,}0$$

und $$Be^{++} : Mg^{++} : Ca^{++} : Ba^{++} = 1 : 20 : 4 : 60.$$

Es ist zu sehen, daß das Magnesiumion eine Ausnahme bildet. Möglicherweise entsteht bei Zusatz des Magnesiumsalzes zur K-4-Lösung in der alkalischen Polyelektrolytlösung (Na^+) unter der Einwirkung des CO_2 aus der Luft ein schwerlösliches Hydroxycarbonat des Magnesiums.

Wir untersuchten den Einfluß von magnetischen Feldern (bis $30000/4\pi$ A/m) auf die Strukturbildung in den K-4-Lösungen (Bild 7). Experimentell wurde gezeigt, daß

1. die Kurven für die Änderung der physikalisch-chemischen Eigenschaften (Viskosität und elektrische Leitfähigkeit der Lösung) des Polymeren in Abhängigkeit von der Konzentration des Stoffes unabhängig vom Magnetisierungsgrad der Lösung die gleiche Form haben: Mit der Erhöhung der Konzentration der Lösung (von 10^{-5} auf $5 \cdot 10^{-3}$ g/l) steigt deren Viskosität und elektrische Leitfähigkeit;
2. die Kurven für die Änderung der physikalisch-chemischen Eigenschaften der Lösungen, die vom Magnetisierungsgrad der Polymerlösung bestimmt werden, unabhängig von der Konzentration an K-4 in der Lösung hinsichtlich der Extremwerte ein kompliziertes Aussehen haben. Bei zunehmender Stärke des Feldes, über das die Lösung geführt wird, und sonst gleichen Bedingungen steigt die Viskosität der Lösung und sinkt die elektrische Leitfähigkeit: Dem Viskositätsmaximum in den Extremwerten der Kurven für die Änderung der physikalisch-chemischen Eigenschaften der Lösungen in Abhängigkeit von der magnetischen Feldstärke entspricht ein Leitfähigkeitsminimum.

Der Einfluß des Magnetfeldes auf die K-4-Lösung besteht dem Wesen nach offensichtlich in einer Verstärkung der Wechselwirkung zwischen den strukturkinetischen Einheiten der Lösung und den Lösungsmittelmolekülen — den Wasserdipolen. Dadurch erhöht sich die von einer verstärkten Hydrolyse begleitete Hydratation der ionisierten und nichtionisierten funktionellen Gruppen in den Molekülen des gelösten Stoffes und damit auch der Ionisierungsgrad der funktionellen Gruppen am Makromolekül des K-4. Eine Magnetisierung bei hohen Feldstärken (höher als $20000/4\pi$ A/cm) führt zu einem Zerfall der Assoziate und aktiviert die elektrolytische Dissoziation sowie die zwischenmolekulare Wechselwirkung und demzufolge den Strukturbildungsprozeß in der Polymerlösung: Die spezifische Viskosität sinkt, die elektrische Leitfähigkeit steigt, die sphäroiden Aggregate gehen in Fibrillen über.

Wir stellten fest, daß ein bei Zimmertemperaturen erzeugter Film, der eine verdichtete Struktur des Polyelektrolyten K-4 darstellt, röntgenamorph ist. Beim Erwärmen erhöht sich darin der Ordnungsgrad, denn die Pulverröntgenogramme der bei 200 bis 250 °C getrockneten Proben werden zu analogen Röntgenogrammen submikrokristalliner Objekte.

Die IR-Spektren der K-4-Pulver vor und nach dem Erwärmen lassen keine merklichen Unterschiede erkennen. In den Temperaturbereichen, in denen bei den röntgenographischen Analysen Änderungen in der Struktur des K-4 bemerkt wurden, beobachtet man eine Störung der Monotonie in Form von Knicken oder Maxima in den Kurven der Temperaturabhängigkeit der optischen Dichte, der integralen Intensität und der Halbwertsbreite der Absorptionsbanden. So verringert sich die integrale Intensität der Absorptionsbanden bei den Wellenzahlen 3300 und 2245 cm^{-1}, die der Valenzschwingung der Gruppen NH und CN zuzuordnen sind, und auch die optische Dichte der Absorptionsbande im Gebiet der Valenz- (2950 cm^{-1}), Wagging- (1360 cm^{-1}) und Rockingschwingung (880 bis 780 cm^{-1}) der OH-Gruppe nimmt ab. Man beobachtet eine vergrößerte Halbwertsbreite und erhöhte Intensität der Absorptionsbande der antisymmetrischen CO-Schwingung (1269 cm^{-1}) und umgekehrt eine geschwächte Absorptionsbande der symmetrischen CO-Schwingung im Bereich von 1499 bis 1419 cm^{-1}. All das deutet auf die Bildung dreidimensionaler Strukturen mit geordneten Elementen im Polymeren hin. Infolge dieses Prozesses ist die Löslichkeit des trockenen Polymeren auf den 20. bis 25. Teil herabgesetzt und die Grenzquellung auf das Doppelte erhöht. Absorptionsvermögen und Benetzungswärme mit Wasser sind ebenfalls gestiegen. Der bei 270 bis 300°C getrocknete Polyelektrolyt K-4 wird zu einem mikroporösen Adsorbens mit erhöhter Aktivität gegenüber unpolaren Stoffen.

So sind Lösungen des wasserunlöslichen Polyelektrolyten K-4 mikroheterogene Systeme mit übermolekularen Strukturen vom fibrillären und globulären Typ. Die Form der Strukturelemente, ihr Anteil und demzufolge auch die Strukturbildung in den K-4-Lösungen verändern sich mit der Änderung des Ionisierungsgrades der funktionellen Gruppen in den Makromolekülen des Polymeren unter dem Einfluß solcher Faktoren wie Alterung der Lösung, Temperatur, schwache Magnetfelder, Polymerkonzentration in der Lösung, Wasserstoffionen- und Salzkonzentration. Die Kenntnis des Strukturierungsgrades der Lösungen des Polyelektrolyten K-4 erlaubt es, gezielt die Eigenschaften natürlicher Mineralsorbentien [14, 15] zu verändern, die Struktur von Böden zu verfestigen [16], Wanderdünen zu festigen [17, 18], Tonlösungen mit vorgegebenen physikalisch-mechanischen Eigenschaften für die Bohrtechnik herzustellen [19] u. a. m.

Literatur

[1] *Achmedov, K. S.*, und *Zajnutdinov, S.:* SUP 145 597 (1962).

[2] *Achmedov, K. S., Aripov, E. A., Virskaja, G. M., Glekel', F. L., Zajnutdinov, S. A., Porogel'skij, K. V., Sidorova, T. M., Chamraev, S. S.*, und *Spilevskaja, I. N.:* Wasserlösliche Polymere und ihre Wechselwirkung mit dispersen Systemen (russ.). Taschkent: Izd. „FAN" Uz. SSR 1969.

[3] *Tanford, C.:* Physikalische Chemie der Polymeren (russ.). Moskva: Izd. Chimija 1965.

[4] *Katchalsky, A.*, und *Eisenberg, H.:* Molecular weight of polyacrylic and polymethacrylic acid. J. Polymer Sci. **6** (1951) 2, S. 145—154.
Katchalsky, A.: Solutions of polyelectrolytes and mechanochemical systems. J. Polymer Sci. **7** (1951) 4, S. 393 bis 412.
Katchalsky, A.: Problems in the physical chemistry of polyelectrolytes. J. Polymer Sci. **12** (1954) S. 159 bis 184.

[5] *Kargin, V. A.*, und Slonimskij, *G. L.:* Kurzer Abriß der physikalischen Chemie der Polymeren (russ.). Moskva: Izd. Chimija 1967.

[6] *Fujita, H.*, und *Hermans, J.:* J. Proc. Roy. Netherland Acad. Sc. B **58** (1955) S. 188.

[7] *Morawetz, H.:* Makromoleküle in Lösung (russ.). Moskva: Izd. „Mir" 1967.

[8] *Krojt, G.:* Wissenschaft der Kolloide (russ.). Moskva: Izd. IL 1960.

[9] *Zajnutdinov, S. A.*, und *Achmedov, K. S.:* Berechnung der rel. Molekülmasse der Verseifungsprodukte von Polyacrylnitril. In: Sammelband „Wechselwirkung von Polyelektrolyten mit dispersen Systemen". Taschkent: Izd. „FAN" Uz. SSR 1970.

[10] *Ageno, M.:* Proc. Nat. Acad. Sci. USA **57 B** (1967) S. 357.

[11] *Samojlov, O. A.:* Struktur wäßriger Lösungen und Ionenhydratation (russ.). Moskva: Izd. AN SSSR 1957.

[12] *Lilič, L. S.:* Einige Aspekte moderner Vorstellungen über Elektrolytlösungen (russ.). Leningrad: Izd. LGU 1967.

[13] *Kargin, V. A.*, und *Bakeev, N. F.:* Die Molekülanordnung und Strukturbildung in Polyacrylnitrillösungen. Kolloid Ž., Moskva **19** (1957) S. 133—137.

[14] *Aripov, E. A.:* Natürliche Mineralsorbentien, ihre Aktivierung und Modifizierung (russ.). Taschkent: Izd. „FAN" Uz. SSR 1970.

[15] *Aripov, E. A.:* Uz. Chim. Ž. (Usbek Chem. Z.) (1972) 6, S. 37.

[16] *Aripov, E. A., Chamraev, S. S., Sidorova, T. M.*, und *Achmedov, K. S.:* Prozesse der Strukturbildung unter dem Einfluß wasserlöslicher Polyelektrolyte. In: Sammelband „Physikalisch-chemische Mechanik von Böden, Tonen und Baumaterialien" (russ.). Taschkent: Izd. „FAN" Uz. SSR 1966.

[17] *Nuryev, B. N., Aripov, E. A.*, und *Achmedov, K. S.* Probl. Osvoenija Pustyn (Probl. Beherrschung Wüste) (1969) 5, S. 84.

[18] *Aripov, E. A., Nuryev, B. N.*, und *Achmedov, K. S.:* Dokl. Akad. Nauk Uz. SSR (Ber. Akad. Wiss. Usbek. SSR) (1969) 9, S. 28.

[19] *Achmedov, K. S., Satajev, I. K., Aripov, E. A.*, und *Orel, M. A.:* Dokl. Akad. Nauk Uz SSR (Ber. Akad. Wiss. Usbek. SSR) (1972) 2, S. 32.

Eingegangen am 2. Oktober 1972

Die gelchromatographische Trennung von Polyelektrolyten[1)]

Bengt Stenlund

Aus dem Finnischen Zellstoff- und Papierforschungsinstitut,

Abteilung: Entwicklung chemischer Produkte, Helsinki, Finnland[2)]

DK 541.135—126:543.544.42:547.992.3

Die Untersuchungen über den Mechanismus der Gelchromatographie von Polyelektrolyten (Lignosulfonaten) haben erwiesen, daß die Elution gemäß abnehmender rel. Molekülmasse stattfindet. Bei Elution mit Wasser treten jedoch Ladungseffekte ein (Polyelektrolytexpansion, Ioneneinschluß- und Ionenausschlußeffekt), die zur Folge haben, daß die Trennung von der Zusammensetzung der Probe beeinflußt wird. Der Einfluß der Ladungseffekte ist bei einwertigem Gegenion stärker als bei zweiwertigem. Die Effekte können durch Elution mit Elektrolytlösung unterdrückt werden, wobei jedoch die Auflösung verschlechtert werden kann.

Разделение полиэлектролитов методом гель-хроматографии

Изучение механизма гель-хроматографического разделения полиэлектролитов (лигносульфонатов) показало, что элюация протекает с уменьшением молекулярного веса. При элюации водой наблюдаются, однако, эффекты заряда (экспанзия полиэлектролита, эффекты включения и исключения ионов), обуславливающие влияние состава образца на процесс разделения. Влияние этих эффектов у одновалентного противоиона более выражено, чем в случае двухвалентного. Упомянутые эффекты удается подавить при элюации раствором электролита, причем, однако, в этом случае возможно ухудшение разрешения.

Fractionation of Polyelectrolytes by Gel Permeation Chromatography

Studies conducted to determine the mechanism by which polyelectrolytes (lignosulfonates) are fractionated in gel permeation chromatography have revealed that the solutes are eluted in the order of decreasing molecular weight. On elution with water, however, charge effects (polyelectrolyte expansion, ion inclusion and ion exclusion effect) influence the fractionation in such a way that it becomes dependent on the composition of the sample solution. This influence is stronger when the counterion is monovalent than when it is divalent. The charge effects are suppressed on elution with electrolyte solution, but the resolution may be deteriorated.

1. Einführung

Aus der Themenfestlegung für das Programm des „Mikrosymposiums für Polyelektrolyte" hat sich ersehen lassen, daß die Polyelektrolyte sowohl in der Industrie als auch bei der wissenschaftlichen Forschung eine große Bedeutung erlangt haben. Polyelektrolyte sind ionische Polymere, die nicht selten eine weite und variierende Verteilung der rel. Molekülmasse aufweisen. Will man Polyelektrolyte charakterisieren oder ihre Zusammensetzung untersuchen, so bedarf man dafür einer Trennungsmethode. Bei der Trennung von Polymeren hat sich die Methode der Gelchromatographie gut bewährt, und man ist mit ihr zu ausgezeichneten Ergebnissen gekommen. Hingegen kann man mit ihr bei der Trennung von Polyelektrolyten auch mit Störungen rechnen, die u. a. durch die Wechselwirkung zwischen den geladenen Gruppen der verschiedenen Polyelektrolytkomponenten oder durch die Wechselwirkung zwischen den geladenen Gruppen im Polyelektrolyt und den eventuellen fixierten Ladungen im Gel verursacht werden können.

Wie bei der Gelchromatographie von ungeladenen Polymeren tritt auch bei der Trennung von Polyelektrolyten ein sterischer Ausschlußeffekt in Erscheinung. Aus sterischen Gründen sind die größten Makro-Ionen in der Probelösung daran gehindert, in das Gel hinein zu diffundieren. Mittelgroße Makro-Ionen vermögen in einen Teil des inneren Gelvolumens zu diffundieren, und die kleinsten Makro-Ionen haben zum ganzen inneren Volumen der Gelphase Zutritt. Auf diese Weise kommt es zu einer gelchromatographischen Trennung, weil diejenigen Makro-Ionen, die in das stationäre Flüssigkeitsvolumen der Gelphase diffundieren, sich längere Zeit in der Kolonne aufhalten, als die großen Makro-Ionen, die sich während der ganzen Zeit mit der Strömungsgeschwindigkeit des Elutionsmittels im Außenvolumen zwischen den Gelpartikeln bewegen. Die Substanzen werden in der Reihenfolge abnehmender rel. Molekülmasse eluiert.

[1)] Vorgetragen auf dem Internationalen Mikrosymposium „Polyelektrolyte" am 8. und 9. Oktober 1972 in Rostock.
[2)] Anschrift: Postfach 136, SF-00101 Helsinki 10.

Außer dem sterischen Ausschlußeffekt kommen zwei Ladungseffekte vor, die die Fraktionierung beeinflussen.

Enthält das Gel geladene Gruppen, zum Beispiel Carboxylatgruppen, so entsteht zwischen diesen Gruppen und den negativ geladenen Makro-Ionen in der Probelösung eine Repulsion. Durch diese wird die Diffusion in die Gelphase hinein teilweise begrenzt. Dieser Effekt ist ein Ionenausschlußeffekt.

Ein weiterer Ladungseffekt entsteht infolge der Wechselwirkung zwischen den freien Ladungen in Makro-Ionen verschiedener Größe.

Weil die großen Makro-Ionen aus sterischen Gründen an einer Diffusion in die Gelphase hinein gehindert sind, werden sie einen *Donnan*effekt auf jene Makro-Ionen ausüben, die Zutritt zur Gelphase haben. Aus diesem Grunde wird die Konzentration der permeablen Makro-Ionen im inneren Gelvolumen größer als im freien Flüssigkeitsvolumen zwischen den Gelpartikeln. Da dieser Effekt in der entgegengesetzten Richtung als der oben erwähnte Ionenausschlußeffekt wirkt, nennt man ihn den Ioneneinschlußeffekt.

Weil die Menge der freien Ladungen, wenn die Konzentration abnimmt, in den Makro-Ionen zunimmt, expandiert das Makro-Ion. Weil die gelchromatographische Trennung sich gemäß dem hydrodynamischen Volumen vollzieht, wobei die Probe in der Kolonne verdünnt wird, wird auch die Fraktionierung eines Polyelektrolyten von der Polyelektrolytquellung beeinflußt, wenn kein Elektrolyt vorhanden ist.

Im folgenden verzichten wir darauf, den sterischen Ausschlußeffekt noch weiter zu erörtern, und statt dessen werden die für Polyelektrolyte spezifischen Ladungseffekte näher beschrieben.

2. Experimenteller Teil

Der in der vorliegenden Arbeit untersuchte Polyelektrolyt wurde durch Sulfonierung von Fichtenholzlignin hergestellt und wird im weiteren als Lignosulfonat bezeichnet. Man erhält das Präparat bei saurer Sulfitkochung mit breiter Verteilung der rel. Molekülmasse. Wir haben mittels gelchromatographischer Trennung für unsere Versuche enge Fraktionen mit der gewünschten rel. Molekülmasse hergestellt und als Gel das aus Dextran und Epichlorhydrin erzeugte Sephadex[2]) verwendet.

3. Ergebnisse und Auswertung

3.1. Polyelektrolytexpansion

Rezanowich und *Goring* [1] haben nachgewiesen, daß Lignosulfate als quellendes Mikrogel in Wasserlösung auftreten. Das hydrodynamische Volumen eines Polyelektrolyten hängt von der Ionenstärke der Lösung ab, die selbst wieder von der Konzentration der Lösung abhängig ist. Der Quellungsgrad der Lignosulfonate wird deshalb durch die Lignosulfonatkonzentration in der Lösung bestimmt. Die Diffusionsmöglichkeiten der Lignosulfonate in die Gelphase hinein werden ebenfalls von der Lignosulfonatkonzentration beeinflußt, so daß bei einer niedrigen Konzentration der Quellungsgrad hoch ist, was die begrenzte Diffundierung in die Gelphase hinein beweist. Bei einer hohen Lignosulfonatkonzentration ist die Situation entsprechend umgekehrt.

Der Einfluß der Polyelektrolytexpansion auf die Trennung von Lignosulfonaten kann zum Beispiel mittels Chromatogrammen, die man bei der Elution von unterschiedlich großen Lignosulfonatproben mit Wasser durch eine Sephadexkolonne bekommt, dargestellt werden (Bild 1). Weil die Verdünnung der Probe in der Kolonne, wenn das Probenvolumen zunimmt, relativ geringer wird, kann demnach die Konzentration der verschiedenen Komponenten in der Säule mittels Variierung der Probenmenge verändert werden, wodurch ihr Quellungsgrad im entsprechenden Ausmaß verändert wird.

In normalen Fällen könnte man erwarten, daß der Flächeninhalt des ersten Gipfels, der die hochmolekularen Lignosulfonate darstellt, proportional zur verwendeten Probenmenge zunehmen sollte, doch geht aus Bild 1 hervor, daß der Flächeninhalt des Gipfels im Verhältnis zur Gesamtfläche des Chromatogramms abnimmt, wenn die Probenmenge größer wird.

Zeichnet man den Flächeninhalt dieses Gipfels als Funktion des Probenvolumens auf, dann können wir feststellen (Bild 2), daß bei kleinen Probenvolumen eine Proportionalität vorherrscht, daß aber bei einer gegebenen Probenmenge der Flächeninhalt des ersten Gipfels nicht mehr anwächst.

Wie bereits erwähnt, nimmt die Konzentration der verschiedenen Komponenten in der Säule zu, wenn das Probenvolumen ansteigt. Dieses verursacht, daß das hydrodynamische Volumen abnimmt, während die Diffusionsmöglichkeit der Lignosulfate in das Gel hinein zunimmt. Aus diesem Grunde wird ein Teil der hochmolekularen Lignosulfonate im Verlauf der Probenvolumenzunahme später eluiert. Dieses ist eine Erklärung dafür, daß der Flächeninhalt des ersten Gipfels anzusteigen aufhört.

[2]) Herstellerfirma: Pharmacia Fine Chemicals, Uppsala, Schweden.

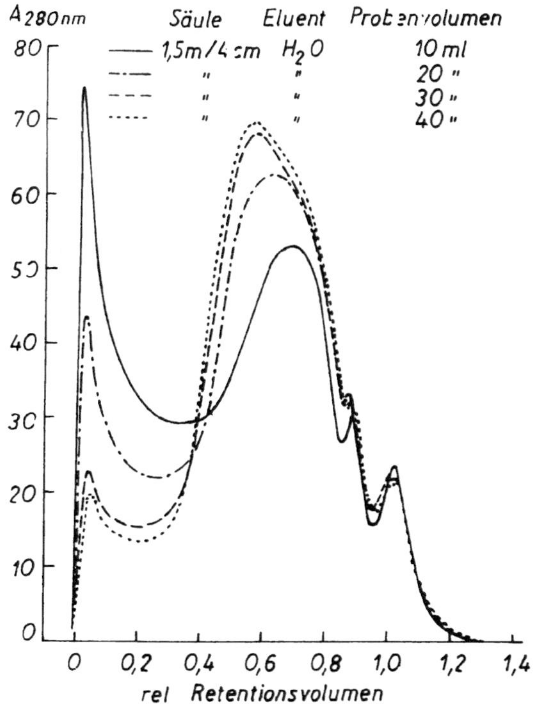

Bild 1. Einfluß des Probenvolumens bei der Elution von Calciumlignosulfonaten mit Wasser mittels einer Sephadex-G-50-Kolonne. Elutionsgeschwindigkeit 2,8 ml · h^{-1} · cm^{-2}; Probenkonzentration 96,2 g/l. Die Chromatogramme sind zu demselben Flächeninhalt normalisiert

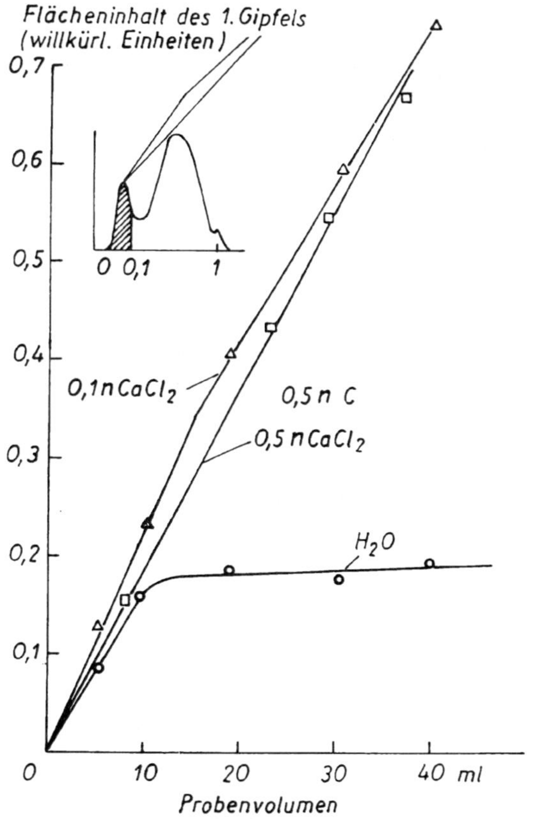

Bild 2. Menge der ausgeschlossenen Lignosulfonate als Funktion des Probenvolumens bei der Elution von Calciumlignosulfonaten mit Wasser und einer Elektrolytlösung mittels einer Sephadex-G-50-Kolonne

Es ist weiterhin bekannt, daß die Kontraktion der Polyelektrolyte bei zunehmender Konzentration bei dem Vorhandensein eines Elektrolyten unterdrückt wird. Wie aus den Kurven auf Bild 2, die man bei einer Elution mit einer 0,05 molaren bzw. 0,25 molaren Calciumchloridlösung bekam, ersichtlich ist, bedarf es dafür einer relativ hohen Elektrolytkonzentration.

3.2. *Der Ionenausschlußeffekt*

Gelotte [2] hat die Trennung ionischer Substanzen mittels Sephadexkolonnen untersucht und dabei festgestellt, daß bei einer Trennung kleiner Proben, die negativ geladene Gruppen enthielten, und wenn die Elution mit Wasser ausgeführt wurde, ein Ionenausschlußeffekt aufgetreten ist. Dieser Effekt verursachte, daß ein kleiner Teil der Probe daran gehindert wurde, in das Gel hineinzudiffundieren. Deshalb wurde dieser Teil auch früher als der übrige Teil eluiert.

Ein Ionenausschluß findet auch bei der Trennung von Lignosulfonaten statt. Bild 3 zeigt ein Chromatogramm, das man bei der Elution einer kleinen Probe einer niedermolekularen Calciumlignosulfonatfraktion mit Wasser durch eine Sephadex-G-25-Säule erhalten hat.

Der Hauptanteil der Probe bildete einen Gipfel mit einem scharfen Abfall nach hinten. Wegen der Repulsion zwischen den geladenen Gruppen im Gel und in den Lignosulfonaten wurde die Diffusion für einen Teil der Probe in das Gel hinein eingeschränkt. Dieses ist die Ursache dafür, daß die vordere Front sehr ausgezogen erscheint.

Den Ionenausschlußeffekt kann man herabmindern, wenn man dem Elutionsmittel einen Elektrolyt hinzusetzt oder wenn die Probe mehrere geladene Komponenten von verschiedener Molekulargröße enthält [2]. Dadurch wird offenbar der Ionenausschlußeffekt bei der Fraktionierung von Lignosulfonaten mit breiter Verteilung der rel. Molekülmasse unterdrückt.

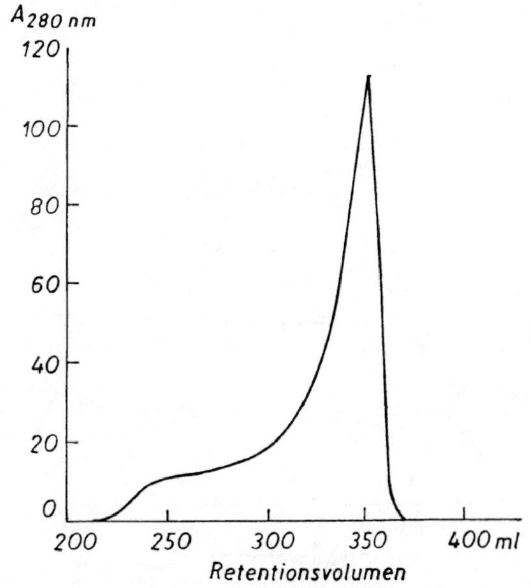

Bild 3. Einfluß des Ionenausschlußeffektes bei der Elution einer niedermolekularen Calciumlignosulfonatfraktion mit Wasser mittels einer Sephadex-G-25-Kolonne. Elutionsgeschwindigkeit 4,1 ml · h^{-1} · cm^{-2}.

3.3. *Der Ioneneinschlußeffekt*

Teorell [3] hat ionische Substanzen mittels Osmosemessungen untersucht und dabei festgestellt, daß Stoffe, die durch Membranen diffundieren konnten, bei Vorhandensein einer nicht diffundierenden Komponente schneller diffundierten. Diesem Phänomen gab er den Namen „*Donnan*-Diffusionseffekt".

Weil ein Gel große Ähnlichkeiten mit einer Membran aufweist, haben wir uns zu untersuchen entschlossen, ob ein entsprechender *Donnan*-Effekt bei einer Gelchromatographie von Lignosulfonaten in Erscheinung tritt. Als nicht-diffundierende Komponente nahmen wir hochmolekulare und vom Gel ausgeschlossene Lignosulfonate, die dem Eluiermittel hinzugefügt wurden. Die Versuche wurden mit Sephadex-G-25-Kolonnen ausgeführt. Als Probelösung diente eine enge Lignosulfonatfraktion mit einer mittleren rel. Molekülmasse von 4000. Die Versuche wurden mit Calcium- und Lithiumsulfonaten ausgeführt und als Referenzsubstanzen eine kleine Menge hochmolekularer, ausgeschlossener Lignosulfonate sowie ein niedermolekularer Elektrolyt der Probelösung beigegeben.

Als Elutionsmittel wurden verwendet: Aqua destillata; 0,05 m Calciumchlorid- bzw. 0,15 m Lithiumchloridlösung; 4 g/l hochmolekulare Calcium- oder Lithiumlignosulfonate als wäßrige Lösung; eine 0,05 m Calciumchloridlösung mit 4 g/l hochmolekularer Calciumlignosulfonate sowie eine 0,15 m Lithiumchloridlösung mit 4 g/l hochmolekularem Lithiumlignosulfonat. Das Retentionsvolumen der niedermolekularen Lignosulfonatfraktion wurde nach seiner Relation zu jenen der hochmolekularen Referenzlignosulfonate und der niedermolekularen Salzreferenzen berechnet. So erhielt man eine relative Skala, auf der die hochmolekularen Referenzlignosulfonate den Wert Null und die Salzreferenzen den Wert 1 erhielten. Die relativen Retentionsvolumen, die man mittels der oben angegebenen Elutionsmittel und mit ihnen ausgeführter Trennungsversuche erhielt, sind aus Tabelle 1 ersichtlich.

Tabelle 1. Relatives Retentionsvolumen bei der Elution einer Lignosulfonatfraktion (M_W = 4000) mit verschiedenen Elutionsmitteln

Elutionsmittel	Relatives Retentionsvolumen	
	Calciumlignosulfonat	Lithiumlignosulfonat
Aqua destillata	0,10	0,10
0,05 m $CaCl_2$-Lösung	0,12	
0,15 m LiCl-Lösung		0,10
Hochmolekulare Lignosulfonate in wäßriger Lösung	0,17	0,32
Hochmolekulare Ca-Lignosulfonate in 0,05 m $CaCl_2$-Lösung	0,12	
Hochmolekulare Li-Lignosulfonate in 0,15 m LiCl-Lösung		0,10

Wie aus Tabelle 1 hervorgeht, diffundiert eine niedermolekulare Lignosulfonatfraktion bei der Elution mit Wasser nur gering in die Gelphase hinein. Um zu prüfen, ob die Diffusion durch den Ionenausschluß eingeschränkt wurde, hat man die Proben mit Elektrolytlösung eluiert, die, wie bereits gesagt wurde, den Ionenausschlußeffekt unterdrückt; doch zeigte es sich, daß dieses nicht zutreffend war, weil das Retentionsvolumen bei der Elution mit Elektrolytlösung mit dem bei einer Elution mit Wasser wertmäßig gleich war.

Wie in der Einführung erwähnt, kann das Vorhandensein eines hochmolekularen Polyelektrolyten im äußeren Volumen der Kolonne das Eindringen der permeablen Komponente in die Gelphase verbessern. Wir haben das festgestellt, wenn die niedermolekulare Lignosulfonatfraktion mit einer Lösung eluiert wurde, die hochmolekulare und vom Gel ausgeschlossene Lignosulfonate enthielt. In einem solchen Falle war das Retentionsvolumen höher als bei einer ausschließlichen Elution mit Wasser.

Die Tatsache, daß bei unseren Untersuchungen das Retentionsvolumen den ursprünglichen Wert annahm, wenn man als Elutionslösung eine ein hochmolekulares Lignosulfonat enthaltende Elektrolytlösung verwendete, stimmt mit der Behauptung von *Tanford* [4] überein, daß die *Donnan*-Effekte von einem Elektrolyten unterdrückt werden.

Davon ausgehend kann der Schluß gezogen werden, daß die Trennung von Lignosulfonaten durch einen Ioneneinschlußeffekt beeinflußt wird, der mit Hilfe eines niedermolekularen Elektrolyts unterdrückt werden kann.

Weiter geht aus Tabelle 1 hervor, daß das relative Retentionsvolumen verdoppelt wurde, wenn mit einer wäßrigen Lösung, die hochmolekulare Lignosulfonate enthielt, eluiert wurde, und zwar dann, wenn statt Calcium Lithium das Gegenion gewesen ist. Um den Einfluß der Gegenionen auf die Trennung näher zu untersuchen, hat man den Versuch angestellt, indem man Lignosulfonate mit einer breiten Verteilung der rel. Molekülmasse mittels Wasser durch eine Sephadex-G-50-Kolonne eluierte. Dabei hatten die Proben die gleiche Verteilung der rel. Molekülmasse, doch nahm man verschiedene Gegenionen (Calcium- bzw. Lithiumionen).

Wie aus Bild 4 ersichtlich ist, weichen die erhaltenen Chromatogramme erheblich voneinander ab. Der größte Teil der Lithiumlignosulfonate wurde bei einem relativ großen Retentionsvolumen als scharfer Gipfel eluiert, während der Hauptanteil der Calciumlignosulfonate mit einem kleineren Retentionsvolumen einen breiteren Gipfel bildete. Die Bestimmung des Zusammenhanges zwischen Retentionsvolumen und rel. Molekülmasse hat ergeben, daß Calciumlignosulfonat mit einer rel. Molekülmasse von 30000 mit einem rel. Retentionsvolumen von 0,22 eluiert wurde, während der entsprechende Wert für das Lithiumlignosulfonat mit gleicher rel. Molekülmasse 0,51 gewesen ist. Daß Lithiumlignosulfonat später als Calciumlignosulfonat eluiert wird, deckt sich mit den in Tabelle 1 ersichtlich gemachten Ergebnissen.

Weil normalerweise die gelchromatographische Trennung entsprechend dem hydrodynamischen Volumen der gelösten Moleküle erfolgt, lag die Annahme nahe, daß die Differenzen bei der Trennung von Calcium- und Lithiumlignosulfonaten durch die Unterschiedlichkeit des hydrodynamischen Volumens bei Präparaten mit der gleichen rel. Molekülmasse bedingt werden. Weil die Viskosität dem hydrodynamischen Volumen proportional ist, hat man die Grenzviskosität von Calcium- und Lithiumlignosulfonaten mit gleicher Verteilung der rel. Molekülmasse bestimmt. Die Viskosität wurde in 0,005 m Calciumchloridlösung und 0,015 m Lithiumchloridlösung mittels eines *Ubbelohde*-Kapillarviskosimeters bei einer Temperatur von 23,4 °C gemessen. Die Messungen wurden mit vier verschiedenen Konzentrationen ausgeführt und die Grenzviskositätszahl mittels Extrapolation bestimmt.

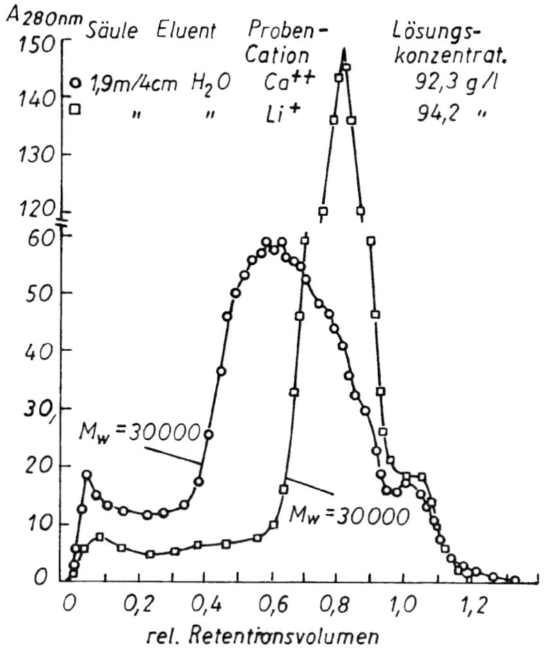

Bild 4. Einfluß der Ionenform bei der Elution von Calcium- und Lithiumlignosulfonaten mit Wasser mittels einer Sephadex-G-50-Kolonne. Elutionsgeschwindigkeit 2,8 ml · h^{-1} · cm^{-2}

Für die Calciumlignosulfonate erhielt man 7,8 ml/g als Grenzviskositätszahl und für Lithiumlignosulfonate 11,6 ml/g. Das beweist, daß Lithiumlignosulfonate ein größeres hydrodynamisches Volumen als Calciumlignosulfonate aufweisen, und daß die Ungleichheiten in den Trennungswerten nicht damit erklärt werden können, daß Lithiumlignosulfonate ein kleineres hydrodynamisches Volumen als Calciumlignosulfonate hätten.

Eine weitere Möglichkeit lag in der Unterschiedlichkeit der Nettoladung zwischen Calcium- und Lithiumlignosulfonaten. Die Nettolandung des Polyelektrolyts beeinflußt selbstverständlich den Ioneneinschluß. Nun hängt die Nettoladung davon ab, in wie hohem Grade die Gegenionen an die Ladungen der Makro-Ionen gebunden sind. Um festzustellen, ob es Unterschiede in der Proportion zwischen gebundenen und freien Gegenionen bei Lignosulfonaten mit zwei- bzw. einwertigen Gegenionen gibt, hat man die Aktivität der freien Gegenionen im Calcium- als auch Natriumlignosulfonat bestimmt [5].

Die Messungen deuteten darauf hin, daß in Lignosulfonatlösungen mit einem einwertigen Gegenion mehr als 90% der Gegenionen frei waren, während in Lignosulfonatlösungen mit einem zweiwertigen Gegenion es nur etwa die Hälfte der Gegenionen war. Weil die Anzahl der freien Gegenionen und die Anzahl freier Ladungen zum Makro-Ion sich umgekehrt proportional verhalten, leuchtet es ein, daß freie Ladungen in einer Lithiumlignosulfonatlösung proportional höher sind als in der entsprechenden Calciumlignosulfonatlösung. Wahrscheinlich ist das eine Erklärung dafür, daß die niedermolekulare Lignosulfonatfraktion als Lithiumsalz später als als Calciumsalz eluiert worden ist. Der Zuwachs der Menge von freien Ladungen verursacht eine Verstärkung der Einwirkung des Ioneneinschlußeffektes.

4. *Zusammenfassung*

Die Untersuchungen haben gezeigt, daß Lignosulfonate in der Reihenfolge der abnehmenden rel. Molekülmasse eluiert werden, unabhängig davon, ob das Elutionsmittel Wasser oder eine Elektrolytlösung ist.

Bei der Elution mit Wasser wird aber der Zusammenhang zwischen der rel. Molekülmasse und dem Retentionsvolumen sowohl vom Ionenausschluß- und Ioneneinschlußeffekt als auch von der Polyelektrolytexpansion beeinflußt. Polyelektrolyte expandieren, weil die Konzentration der Komponenten in der Kolonne fortdauernd abnimmt, wodurch die Wanderungsgeschwindigkeit der Polyelektrolyte beschleunigt wird. In dieselbe Richtung wirkt der Ionenausschlußeffekt, d. h., er sucht die Aufenthaltsdauer der Polyelektrolytkomponenten in der Kolonne herabzusetzen. Der Ioneneinschlußeffekt hingegen wirkt auf die Verteilung der permeablen Komponenten zwischen dem äußeren und dem inneren Volumen in einer Weise, daß deren Verweildauer in der Kolonne zunimmt. Ist das Gegenion einwertig, tritt dieser Effekt deutlicher hervor als bei einem zweiwertigen Gegenion, da Lignosulfonate mit einem einwertigen Gegenion eine höhere Nettoladung haben.

Bei einer Elution von Lignosulfonaten mit einer breiten Verteilung der rel. Molekülmasse entsteht wegen des Vorhandenseins hochmolekularer Lignosulfonate in der Probelösung ein Ioneneinschluß permeabler Komponenten. Steigt der Anteil hochmolekularer Lignosulfonate an, wird der Ioneneinschluß verstärkt. Das bedeutet, daß, wenn die Elution mit Wasser ausgeführt wird, die Trennung von der Probenzusammensetzung abhängig ist.

Ist das Eluent eine Elektrolytlösung, so werden die beschriebenen Ladungseffekte eliminiert, und der Zusammenhang zwischen der rel. Molekülmasse und dem Retentionsvolumen wird konstant. Es hat sich jedoch gezeigt, daß die Auftrennung bei einer Elution mit einer Elektrolytlösung ungünstiger sein kann, weil eine Bandverbreiterung eintritt. Bei einer Elution mit Wasser wirkt der Ladungseffekt auf die Bandverbreiterung herabsetzend, was hinsichtlich der Auftrennung wiederum günstig ist.

Literatur

[1] *Rezanowich, A.*, und *Goring, D. A. I.:* Polyelectrolyte expansion of a lignin sulphonate microgel. J. Colloid Sci. **15** (1960) 5, S. 452–471.

[2] *Gelotte, B.:* Studies on gel filtration. Sorption of the bed material Sephadex. J. Chromatogr., Amsterdam **3** (1960) S. 330–342.

[3] *Teorell, T.:* Transport phenomena in membranes. Discussion Faraday Soc., London **21** (1956) S. 9–26.

[4] *Tanford, C.:* Physical Chemistry of Macromolecules. New York: Wiley-Interscience 1961, S. 226.

[5] *Stenlund, B.:* Polyelectrolyte effects in gel chromatography of lignosulphonates. V. Discussion. Paperi ja Puu, Helsinki (Papier u. Holz) **52** (1970) 10, S. 672–678.

Eingegangen am 15. September 1972

Polyelektrolyteigenschaften von Carboxymethylcellulose in wäßriger Lösung – Einfluß der Ladungsdichte[1])

Marguerite Rinaudo

Centre de Recherches sur les Macromolécules Végétales

38 Grenoble, Frankreich

DK 541.135—126:678.546.11:54—145:537.2:543.257

Die in den letzten zehn Jahren an Carboxymethylcellulose unterschiedlicher Ladungsdichte in verdünnten wäßrigen Lösungen mittels Potentiometrie und Konduktometrie, Bestimmung der Gegenionenaktivität an spezifischen Elektroden, Messung der Ultraschallabsorption und des spezifischen Volumens mit verschiedenen ein- und zweiwertigen Gegenionen erhaltenen experimentellen Ergebnisse werden zusammenfassend diskutiert und mit den Ergebnissen theoretischer Betrachtungen nach *Lifson/Katchalsky*, nach *Manning* sowie nach *Oosawa* verglichen. Das Verhalten der Polyelektrolyte in Abhängigkeit von der Ladungsdichte wird hinsichtlich Reihenfolge und Mechanismus der Ionenselektivität verallgemeinert.

Свойства карбоксиметилцеллюлозы как полиэлектролита в водном растворе. Влияние плотности заряда

Полученные за последние 10 лет при помощи методов потенциометрии и кондуктометрии, путем определения активности противоионов на специфических электродах, измерения поглощения ультразвука и удельного объема с применением различных одно- и двухвалентных противоионов экспериментальные результаты на КМЦ различной плотности заряда в разбавленных водных растворах обсуждаются и сопоставляются с результатами, полученными при приложении теорий Лифсона-Катчальского, Маннинга и Оозавы. Проводится обобщение поведения полиэлектролитов в зависимости от плотности заряда и в связи с последовательностью и механизмом избирательности для различных ионов.

The Polyelectrolyte Properties of Carboxymethyl Cellulose in Aqueous Solutions — Effects of the Charge Density

The experimental results obtained in the last ten years with carboxymethyl cellulose samples of different charge density in diluted aqueous solutions by potentiometry, conductometry determination of the counterion activity with specific electrodes, determination of the ultrasound absorption and the specific volume with different uni- and bivalent counterions are summarily discussed and compared with the results of theoretical consideration according to *Lifson/Katchalsky, Manning and Oosawa*. Generalised conclusions are drawn to the order and mechanism of ion selectivity from the dependence of the polyelectrolyte properties on the charge density.

1. Einführung

Auf Grund der Steifheit der makromolekularen Rückgratkette stellt die Carboxymethylcellulose (CMC) ein gutes Modell zur Untersuchung des Verhaltens von Polyelektrolyten dar. In der vorliegenden Arbeit werden die experimentellen Ergebnisse als Funktion der Ladungsdichte des Polyelektrolyten betrachtet.

Zunächst werden die Gleichgewichtseigenschaften untersucht, die mittels spezifischer Elektroden bestimmten Anteile an freien Gegenionen für Na^+ und Ca^{2+} allein und in Mischung angegeben, die potentiometrischen Neutralisationskurven diskutiert sowie die Ionenselektivität und die freie Energie des Austausches für verschiedene Paare von Gegenionen abgeleitet. Der Einfluß des Salzes wird unter Anwendung des Additivitätsgesetzes betrachtet. Dann werden einige mittels Ultraschallabsorption, Konduktometrie, aus der Dichte und aus der freien Diffusion von radioaktiven Gegenionen erhaltenen Ergebnisse erörtert, um den Einfluß verschiedener Arten von Gegenionen darzulegen.

Die Resultate werden schließlich anhand der von *Lifson, Katchalsky* u. Mitarb. [1, 2, 3], von *Manning* [4] sowie von *Oosawa* [5] vorgeschlagenen theoretischen Behandlungen diskutiert.

2. Experimentelle Technik

Die Natriumcarboxymethylcellulosen wurden in unserem Labor [6] mit verschiedenen mittleren Substitutionsgraden (DS zwischen 1 und 3) hergestellt. Die allgemeine Formel lautet:

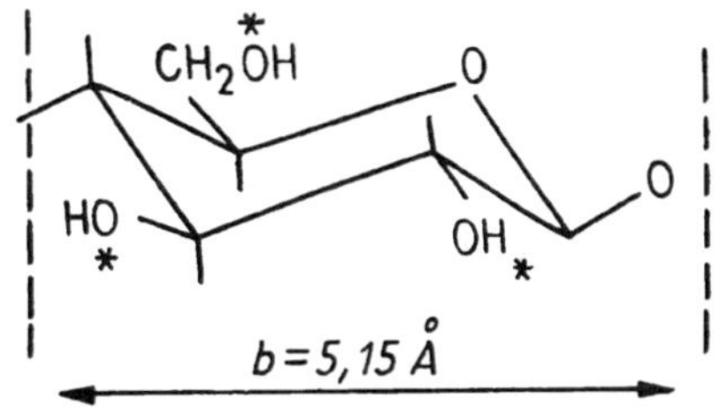

* CO oder $—O—CH_2—CO_2Na$

Zur Herstellung der Lösungen wurden die wäßrigen Natriumsalzlösungen über einen Ionenaustauscher (Amberit IR 120 H^+) gegeben und definiert mit reinen Hydroxidlösungen neutralisiert. Die Konzentration C_p lag im allgemeinen bei $2 \cdot 10^{-3}$ N; die Temperatur betrug stets 25 °C.

2.1. Potentiometrie

Der Anteil an freien Gegenionen in salzfreier Lösung wurde mit deren Aktivitätskoeffizienten γ korreliert.

So erhielten wir eine Eichkurve und bestimmten die Gegenionenkonzentration C_{exp}. Wenn die Anfangskonzentration C_p bekannt ist, ist γ gleich C_{exp}/C_p.

Bei Salzüberschuß wird das Additivitätsgesetz herangezogen, um das den Polyelektrolytgegenionen entsprechende γ_p als Funktion der Ionenstärke zu bestimmen. Wenn C_s die Salzkonzentration ist, berechnet sich γ_p nach

$$\gamma_p = \frac{C_{\text{exp}} - C_s}{C_p}.$$

[1]) Als Vortrag eingereicht zum Internationalen Mikrosymposium, „Polyelektrolyte" am 8. und 9. Oktober 1972 in Rostock.

Die spezifische Aktivität des Na^+ wurde mittels einer Jenaer Glaselektrode unter Verwendung eines Potentiometers vom Typ Tacussel TS 40 (Frankreich) und die Aktivität des Ca^{2+} mittels einer Orionelektrode (Modell 92-32) unter Verwendung eines Potentiometers vom Typ Sargent S 30000 gemessen. In beiden Fällen diente die Kalomelektrode als Bezugselektrode. Die pH-Titration wurde mit Hilfe einer Glaselektrode und des Potentiometers TS 40 von Tacussel verfolgt.

2.2. *Konduktometrie*

Die Messungen wurden mit Hilfe einer Philipsbrücke (1000 C/s) und einer Meßstelle mit platinierten Platinelektroden durchgeführt. Im Falle zweiwertiger Gegenionen erhält man den Anteil der freien Ionen nach der bekannten Beziehung

$$\Lambda = \Phi(\lambda_p + \lambda_c)$$

mit λ_p und λ_c = Ionenleitfähigkeiten des Polyions bzw. des Gegenions [7 8].

2.3. *Ultraschallabsorption und spezifisches Volumen*

Ultraschallabsorptionsmessungen geben Informationen über die Natur der Gegenionenbindung durch die Polyionen [9]. Die Meßtechnik wurde früher beschrieben [10]. Unter Verwendung eines Zwei-Kristall-Interferometers wurden die Ultraschallabsorptionskoeffizienten bei 25 °C und 5,04 MHz gemessen. Die Überschußabsorption $\delta\alpha/N^2$ (N = Ultraschallfrequenz) ist direkt gekoppelt mit ΔV_0, der Raumladung im gestörten Gleichgewicht.

Die Messungen des spezifischen Volumens $\overline{V}$ erfolgten in einem 50-ml-Pyknometer, um die der Bindung von Gegenionen entsprechende Freisetzung von Wasser zu verfolgen, wobei als Bezugsgegenion Cs^+ und zur Berechnung des theoretischen Wertes von $\overline{V}$ ein einfaches Additivitätsgesetz herangezogen wurde [11].

2.4. *Freie Diffusion*

Die Experimente zur freien Diffusion mit radioaktiven Gegenionen (Na^+, Cs^+) wurden nach einer von *Anderson* und *Saddington* vorgeschlagenen Kapillartechnik durchgeführt [12]. Die experimentellen Bedingungen sind schon in [13, 14] angegeben.

3. *Experimentelle Ergebnisse und Diskussion*

Jeder Polyelektrolyt wird durch den Ladungsparameter λ eindeutig charakterisiert [1]; λ ist eine Zahl, die wie folgt mit der Ladungsdichte zusammenhängt:

$$\lambda = \frac{\alpha \cdot \overline{DS} \cdot \varepsilon^2}{b \cdot D \cdot k \cdot T};$$

D = Dielektrizitätskonstante,
kT = *Boltzmann*term,
ε = Elektronenladung,
$\alpha \cdot DS$ = Zahl der ionischen Gruppen pro Monomereinheit der Länge b.

3.1. *Aktivitätskoeffizient der Gegenionen*

3.1.1. *Aktivitätskoeffizient der Gegenionen in salzfreier Lösung*

Die Ergebnisse sind in Bild 1 und Tabelle 1 für ein- und zweiwertige Gegenionen dargestellt. Der elektrostatische Mechanismus wird bestätigt, wenn man für die verschiedenen Proben nur eine Kurve erhält. Die Ergebnisse wurden als effektive Ladung der Monomereinheit ($\alpha \cdot \gamma \overline{DS} = i \cdot \overline{DS}$) ausgedrückt, die eine

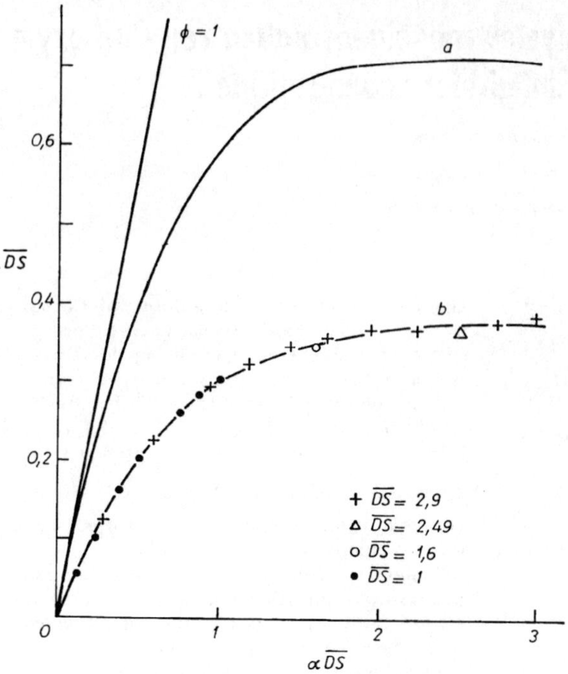

Bild 1. Änderung der effektiven Ladung i. $\overline{DS}$ gegen die Ladung der Monomereinheit $\alpha \cdot \overline{DS}$ [16]
a) einwertige Gegenionen
b) zweiwertige Gegenionen

Funktion der wahren Ladung $\alpha \cdot \overline{DS}$ darstellt; $i \cdot \overline{DS}$ strebt einem Grenzwert zu, der $\lambda_{\text{effektiv}} \cong 1$ entspricht.

Für $\alpha \cdot \overline{DS} > 1$ ist das Verhältnis $\gamma_{Na}/\gamma_{Ca} = 2$ [15]. Mit zweiwertigen Gegenionen liefern die Potentiometrie und die Konduktometrie — wie Tabelle 2 zeigt — gut übereinstimmende Ergebnisse. Aus den Ergebnissen läßt sich weiter folgern, daß der Anteil an freien Gegenionen im Falle gleicher Ladung nicht von der Natur des Kations abhängt.

Für eine mit einer Mischung $NaOH + Ca(OH)_2$ unterschiedlicher Zusammensetzung genau neutralisierte H—CMC kann die Na^+- und Ca^{2+}-Aktivität durch eine Funktion von X_{Na}, dem äquivalenten Anteil an NaOH, angegeben werden. Die Ergebnisse sind in Bild 2 dargestellt. X_T, der Gesamtanteil an freien Gegenionen, wurde als Funktion von X_{Na} aufgetragen und definiert als $X_T = \gamma_{Na} \cdot X_{Na} + \gamma_{Ca}(1 - X_{Na})$.

Die Kurven hängen von der Ladungsdichte ab. Bei niedriger Ca^{2+}-Konzentration und hoher Ladungs-

Tabelle 1. Experimentelle Daten

$\overline{DS}$	λ	γ_{Na} (1)	γ_{Ca} (1)	K_{Na}^{Ca} (1)	ΔG_{Na}^{Ca} (2)	pK_0 (3)
1	1,38	0,630	0,345	300	610	3,00
1,7	2,35	0,410	0,225	750	1080	2,60
2,49	3,44	0,330	0,145	1150	1575	2,90
2,77	3,83	0,280	0,120	1700	1975	—

Werte, erhalten (1) aus der spezifischen Aktivität, (2) durch pH-Titration, (3) durch Extrapolation

Tabelle 2. Potentiometrisch und konduktometrisch ermittelte Werte für den Aktivitätskoeffizienten zweiwertiger Gegenionen [16]

$\overline{DS}$	Gegenion / Methode	Mg^{+2}	Ca^{+2}	Sr^{+2}	Ba^{+2}	Fehler
2,9	kondukt.	—	0,134	0,134	0,129	± 0,005
	potentiom.	0,140	0,140	0,135	0,130	± 0,010
2,49	kondukt.	—	0,145	0,150	0,145	± 0,005
	potentiom.	0,135	0,145	0,145	0,140	± 0,010
2,1	kondukt.	—	—	—	—	—
	potentiom.	0,165	0,170	0,180	0,180	± 0,010
1,6	kondukt.	—	0,205	0,210	0,210	± 0,005
	potentiom.	0,190	0,190	0,190	0,190	± 0,010
1	kondukt.	—	0,323	0,334	0,323	± 0,010
	potentiom.	0,300	0,305	0,280	0,297	± 0,015

dichte ist X_T konstant und $\gamma_{Ca} = 0$. So werden bei Zusatz von 1 Ca^{2+} 2 Na^+ freigesetzt [17].

3.1.2. Theoretische Interpretation

Für die Behandlung steht eine Auswahl von drei Methoden zur Verfügung. Wir wollen jede von ihnen unter Benutzung eines Zylindermodelles in Abwesenheit von Fremdsalz kurz beschreiben.

3.1.2.1. Die erste hiervon, die Theorie von *Lifson* und *Katchalsky* [1], gibt die Verteilung des elektrostatischen Potentials um das Polyion in Anwesenheit einwertiger Gegenionen an. Für eine hohe Ladungsdichte lautet der Ausdruck z. B.:

$$\psi(r) = \frac{kt}{\varepsilon} \ln \left(\frac{2\lambda}{|\beta|^2} \frac{r^2}{R^2 - a} \sin^2 [|\beta| \ln (\mathrm{Ar})] \right).$$

Die Kenntnis von $\psi(r)$ liefert sowohl die Gegenionenverteilung als auch die ΔpK(α)-Werte. Zur Berechnung des Anteils an freien Gegenionen führte *Katchalsky* den osmotischen Koeffizienten $\Phi \simeq (1 + |\beta|^2)/2\lambda$ ein, der gleich dem Verhältnis der Gegenionenkonzentration zur mittleren Konzentration an der Stelle R ist. Nach einem Vorschlag von *Jackson* u. Mitarb. [18] kann man aus $\psi(r)$ auch den Aktivitätskoeffizienten berechnen, der gleich dem Koeffizienten der freien Diffusion (D/D_0) ist. Die Berechnung ergibt für einwertige Gegenionen:

$$D_0/D = \lambda/2 \cdot \frac{13 + |\beta|^2}{(|\beta|^2 + 1)(|\beta|^2 + 4)}.$$

Die für Φ_K und $\gamma^+ = D/D_0$ berechneten Werte sind in Tabelle 3 angegeben.

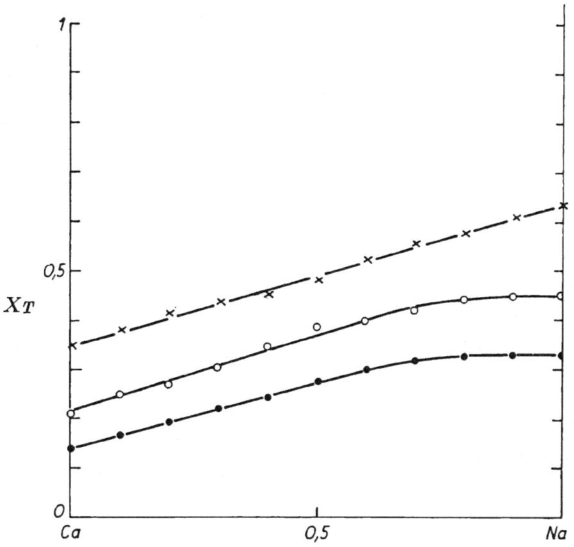

Bild 2. Änderung der effektiven Ladung X_T gegen den äquivalenten Anteil X_{Na} $(X_T = \gamma_{Na} X_{Na} + \gamma_{Ca}(1 - X_{Na}))$
× $\overline{DS} = 1$
○ $\overline{DS} = 1{,}7$
• $\overline{DS} = 2{,}49$

3.1.2.2. Die Theorie von *Manning*: Diese Behandlung ist ein Grenzgesetz für die verdünnte Lösung. Sie führt eine Kondensation der Gegenionen für $\lambda > 1$ ein, die den effektiven Wert von λ auf 1 reduziert. Experimentell wird die Grenze $\lambda \sim 1$ aus der Änderung von $i \cdot \overline{DS}$ mit $\alpha \cdot \overline{DS}$ ermittelt. Aber wie durch Potentiometrie und Ultraschallabsorption gezeigt wurde [10], tritt eine Platzbindung bei einem niedrigeren Wert von λ $(\lambda \sim 0{,}8)$ auf. Die berechneten Werte ergeben:

$$\Phi < \gamma < D/D_0$$

mit

$$\left.\begin{aligned} \Phi &= 1 - 1/2\lambda \\ \ln \gamma &= -1/2\lambda \end{aligned}\right\} \quad \lambda < 1$$

$$\left.\begin{aligned} \Phi &= 1/2\lambda \\ \gamma &\simeq 1{,}21\Phi \\ D/D_0 &= 0{,}87\,\lambda^{-1} \end{aligned}\right\} \quad \lambda > 1$$

Wie gezeigt werden kann, gibt das *Katchalsky*-Verfahren für unendliche Verdünnung die gleichen Werte [3].

In Tabelle 3 werden die Werte mit den experimentellen verglichen.

Tabelle 3. Vergleich mit theoretischen Werten

$\overline{DS}$	γ_{Na}^{exp}	(D/D_0)	Φ_K	γ_M	γ_0	γ_{Ca}^{exp}	(D/D_0)	Φ_K	γ_θ
1	0,630	0,574	0,447	0,440	0,725	0,345	0,327	0,249	0,362
1,7	0,410	0,366	0,281	0,258	0,425	0,225	0,193	0,147	0,212
2,49	0,330	0,253	0,194	0,176	0,291	0,145	0,130	0,990	0,145
2,77	0,280	0,228	0,175	0,159	0,263	0,120	0,116	0,089	0,131

Tabelle 4. Vergleich zwischen den nach dem Verfahren von Oosawa erhaltenen theoretischen Werten und den experimentellen Werten [25]

X_{Na}		0	0,1	0,2	0,3	0,4	0,5	0,6	0,7	0,8	0,9	1
CMC $\overline{DS} = 1$ $\lambda = 1,38$	γ_{Na}^{th}	—	0,931	0,923	0,911	0,894	0,869	0,832	0,787	0,740	0,692	0,651
	γ_{Na}^{exp}	—	1	0,980	0,900	0,870	0,852	0,840	0,800	0,730	0,680	0,630
	γ_{Ca}^{th}	0,390	0,343	0,290	0,231	0,169	0,110	0,065	0,037	0,011	0,0025	—
	γ_{Ca}^{exp}	0,320	0,310	0,280	0,237	0,174	0,126	0,075	0,033	0	0	—
CMC $\overline{DS} = 1,7$ $\lambda = 2,35$	γ_{Na}^{th}	—	0,922	0,901	0,863	0,797	0,716	0,642	0,577	0,523	0,478	0,440
	γ_{Na}^{exp}	—	0,930	—	0,790	0,787	0,740	0,668	0,607	0,556	0,500	0,455
	γ_{Ca}^{th}	0,275	0,187	0,122	0,062	0,024	0,01	0,0016	0,0013	0,0003	0,00005	—
	γ_{Ca}^{exp}	0,200	0,175	0,128	0,097	0,058	0,040	0	0	0	0	—
CMC $\overline{DS} = 2,49$ $\lambda = 3,44$	γ_{Na}^{th}	—	0,907	0,854	0,741	0,622	0,530	0,461	0,408	0,366	0,332	0,325
	γ_{Na}^{exp}	—	0,850	0,792	0,696	0,613	0,564	0,508	0,453	0,414	0,363	0,330
	γ_{Ca}^{th}	0,178	0,098	0,037	0,009	0,003	0,0014	0,00083	0,00045	0,00034	0,00012	—
	γ_{Ca}^{exp}	0,145	0,091	0,050	0,015	0	0	0	0	0	0	—

3.1.2.3. Das *Oosawa*-Verfahren: Das Modell von *Oosawa* ist ein Zweiphasensystem. Die erste Phase enthält das Polyion und die kondensierten Gegenionen sowie die zweite Phase die freien Ionen. Sie sind durch eine Potentialdifferenz $\Delta\psi$ getrennt, in die die Verteilung zwischen freien und gebundenen Gegenionen eingeht. Der Aktivitätskoeffizient berechnet sich nach folgendem Ausdruck:

$$\ln \frac{1-\gamma}{\gamma} = \ln \frac{\Phi}{1-\Phi} + \gamma\lambda \ln(1/\Phi)$$

$$\ln \frac{1-\gamma'}{\gamma'} = \ln \frac{\Phi}{1-\Phi} + 2\lambda\gamma' \ln(1/\Phi)$$

für ein- bzw. zweiwertige Ionen.

In diesen Ausdrücken stellt Φ den Volumenanteil dar, der durch das Polyion belegt ist ($\Phi = a^2/R^2$); die theoretischen Werte sind in Tabelle 3 gegeben. Wenn ein- und zweiwertige Gegenionen in Mischung vorliegen mit einem äquivalenten Anteil q und q' $(q + q' = 1)$, lassen sich γ und γ' für jede Zusammensetzung durch den Satz von Relationen

$$\ln \frac{1-\gamma}{\gamma} = \ln \frac{\Phi}{1-\Phi} + (\gamma q + \gamma' q')\, \lambda \ln(1/\Phi),$$

$$\ln \frac{1-\gamma'}{\gamma'} = \ln \frac{\Phi}{1-\Phi} + (\gamma q + \gamma' q')\, 2\lambda \ln(1/\Phi)$$

berechnen. Die berechneten Werte sind in Tabelle 4 angegeben und mit den experimentellen verglichen. Wie daraus hervorgeht, ist die Übereinstimmung recht gut. Eine elektrostatische Behandlung, wie sie von *Dolar* und *Peterlin* [19] vorgeschlagen wurde, muß mit diesen Ergebnissen verglichen werden.

Schlußfolgerung: Aus dem Vergleich zwischen berechneten und experimentellen Werten können wir hinsichtlich des Anteils an freien Gegenionen folgern, daß die Bestimmung des Aktivitätskoeffizienten für die Gegenionen in salzfreier Lösung am besten nach dem Verfahren *Oosawa* möglich ist, wenn sich aus den Werten für $D/D_0\,\lambda > 1$ ergibt.

3.1.3. *Aktivitätskoeffizient bei Zusatz von Fremdsalz*

Für zwei Proben vom $\overline{DS} = 1$ bzw. 2,49 sind die Ergebnisse in den Bildern 3 und 4 aufgetragen. Die Werte in salzfreier Lösung und bei Salzüberfluß sind mit der Voraussetzung eines Additivitätsgesetzes die folgenden:

	H_2O		Salzüberschuß	
	γ_{Na}	γ_{Ca}	γ_{Na}	γ_{Ca}
$\overline{DS}$ 1, $\lambda = 1,38$	0,620	0,320	0,280	0,220
$\overline{DS}$ 2,49, $\lambda = 3,44$	0,310	0,145	0,200	0,090

Dieses Verhalten muß in Verbindung mit der Gültigkeit des Additivitätsgesetzes diskutiert werden: Der Aktivitätskoeffizient für die dem Polyion entsprechenden Gegenionen scheint von der Ionenstärke abzuhängen, während die Zahl der platzgebundenen Gegenionen nicht variiert. Die experimentellen Werte wurden nach der für eine Lösung mit Salzüberfluß von *Kotin* und *Nagasawa* aufgestellten Theorie interpretiert [20]. Für einwertige Gegenionen gilt:

$$\gamma = \frac{1}{2\lambda}.$$

In unserer Untersuchung sollten die theoretischen Werte die folgenden sein:

$\overline{DS} = 1$ $\quad\gamma_{Na} = 0,362$ $\quad\gamma_{Ca} = 0,181$

$\overline{DS} = 2,49$ $\quad\gamma_{Na} = 0,146$ $\quad\gamma_{Ca} = 0,073$

Die Übereinstimmung mit den experimentellen Werten ist nicht gut; die Schwierigkeit könnte in der *Mock/Marshall*-Hypothese der Additivität [21] liegen. Wie die Bilder 3 und 4 zeigen, ist γ_p tatsächlich nicht konstant.

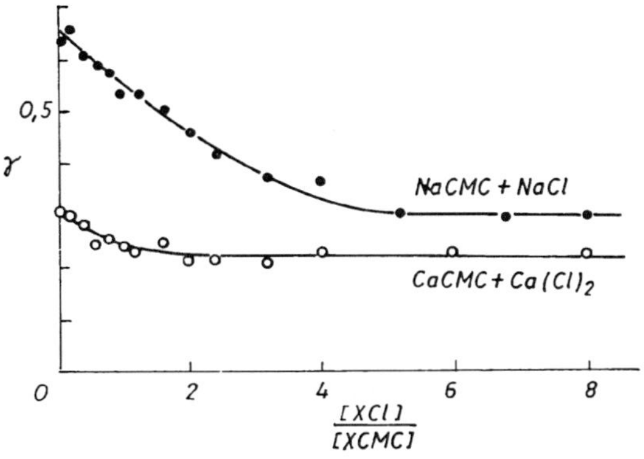

Bild 3. Änderung des Aktivitätskoeffizienten γ mit der Ionenstärke CMC $\overline{DS} = 1$ $c = 2 \cdot 10^{-3}$ N [17]

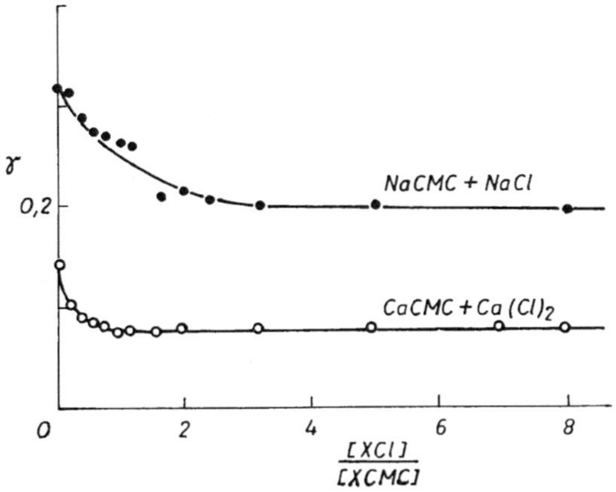

Bild 4. Änderung des Aktivitätskoeffizienten γ mit der Ionenstärke CMC $\overline{DS} = 2{,}49$ $c = 2 \cdot 10^{-3}$ N [17]

3.1.4. Der Selektivitätskoeffizient K_{Na}

Mittels Potentiometrie berechneten wir auch die Selektivität in salzfreier Lösung und bei Salzüberfluß [17]. Wenn das Gleichgewicht beschrieben wird als

$$2\,\overline{\mathrm{Na}^+} + \mathrm{Ca}^{2+} \leftrightarrows \overline{\mathrm{Ca}^{2+}} + 2\,\mathrm{Na}^+,$$

$$K_{\mathrm{Ca}}^{\mathrm{Na}} = \frac{X_{\mathrm{Ca}}}{X_{\mathrm{Na}}^2} \cdot \frac{\overline{X}_{\mathrm{Na}}^2}{\overline{X}_{\mathrm{Ca}}}$$

mit

$$\overline{X}_{\mathrm{Ca}} + \overline{X}_{\mathrm{Na}} = 1,$$

$$X_{\mathrm{Ca}} + X_{\mathrm{Na}} = 1,$$

dann sind $\overline{X}_{\mathrm{Ca}}$ und $\overline{X}_{\mathrm{Na}}$ die äquivalenten Anteile an Na^+ und Ca^{2+}, die in der Polyelektrolytsphäre gebunden sind. Durch Potentiometrie bestimmt man X_{Ca} und X_{Na}, $\overline{X}_{\mathrm{Ca}}$ und $\overline{X}_{\mathrm{Na}}$ direkt ohne jede Hypothese hinsichtlich des osmotischen Koeffizienten. Die erhaltenen Werte sind in Tabelle 1 angegeben. Wir zeigten, daß $K_{\mathrm{Ca}}^{\mathrm{Na}}$ praktisch unabhängig von der Anwesenheit von Fremdsalz ist [17]. $K_{\mathrm{Ca}}^{\mathrm{Na}}$ hängt wesentlich von dem Wert λ ab.

3.2. pK-Bestimmung

3.2.1. Neutralisationskurven

In den Bildern 5 und 6 sind die für zwei Carboxymethylcellulosen erhaltenen Kurven dargestellt. Bei niedrigem $\overline{DS}$ zeigt sich gegenüber Gegenionen gleicher Valenz im allgemeinen keine Selektivität. Oberhalb eines kritischen Wertes von $\alpha \cdot \overline{DS} \cong 0{,}6$ tritt Selektivität auf, wobei die Reihenfolge $\mathrm{Ca}^{2+} \gg \mathrm{Li}^+ > \mathrm{Na}^+ > \mathrm{K}^+ > \mathrm{C}_s^+ > \mathrm{TÄA}^+$ ist.

Aus diesem Typ von Kurven kann man verschiedene Angaben gewinnen: Aus Neutralisationskurven mit einem unspezifischen quaternären Ammoniumion TÄA erhält man die Änderungen des scheinbaren pK-Wertes als Funktion des Neutralisationsgrades $\alpha' \cdot pK_a$ steht in folgender Beziehung zum Grenzwert pK_0:

$$pK_a = \mathrm{pH} + \log \frac{1-\alpha}{\alpha} = \mathrm{pK}_0 + \Delta\,\mathrm{pK}(\alpha),$$

wobei sich $\alpha = \alpha' + \alpha_{H^+}$ auf die Nettoladung (unter Berücksichtigung der Eigendissoziation der Polysäure) bezieht.

$\Delta\,\mathrm{pK}(\alpha)$ wird zu dem elektrostatischen Potential in Beziehung gesetzt. Diese Analyse liefert die pK_0-Werte.

Aus der Fläche zwischen den beiden der Neutralisation mit NaOH und $\mathrm{Ca(OH)_2}$ entsprechenden Kurven wird die freie Energie des Austausches $\Delta G_{\mathrm{Na}}^{\mathrm{Ca}}$ ermittelt (Tabelle 1). Zwischen ΔG und λ besteht eine lineare Beziehung.

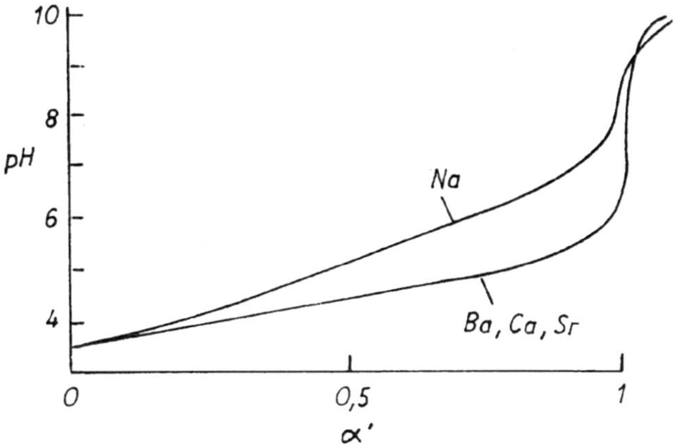

Bild 5. Potentiometrische Titration mit ein- und zweiwertigen Hydroxiden [22]

CMC $\overline{DS} = 1{,}25$ $c = 2{,}1 \cdot 10^{-3}$ N

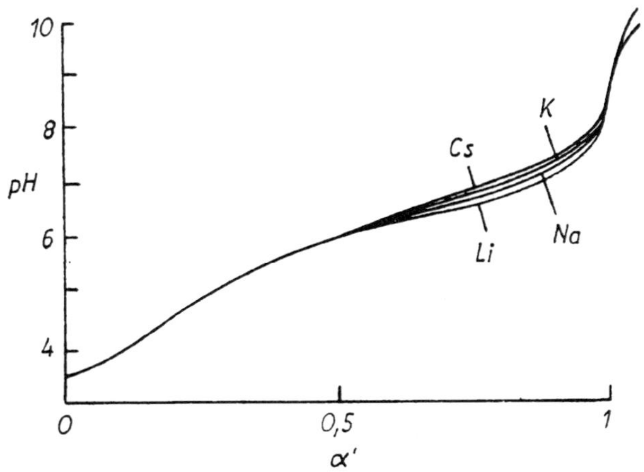

Bild 6. Potentiometrische Titration mit einwertigen Hydroxiden [22]

CMC $\overline{DS} = 2{,}9$ $c = 5 \cdot 10^{-3}$ *N*

Aus der Fläche zwischen den beiden mit zwei einwertigen Gegenionen erhaltenen Kurven wird die Ionenselektivität bestimmt.

3.2.2. Grenz-pK-Wert

In Bild 7 ist eine Kurve dargestellt, die zeigt, wie pK_0 bestimmt wird. Aus dem experimentellen pH-Wert wird α_{H^+} ermittelt, und nach einer Korrektur für die Eigendissoziation werden die pK_a-Werte berechnet.

Die mittels des *Lifson/Katchalsky*-Verfahrens [23] erhaltenen theoretischen $\Delta pK(\alpha)$-Kurven decken sich mit den experimentellen Werten und geben ohne Extrapolation den pK_0-Wert.

Für unterschiedlichen $\overline{DS}$ und verschiedene Polyelektrolytkonzentrationen beträgt $pK_0 = 3 \pm 0{,}2$ [23]. Dieser Wert kann direkt mit dem für die Monomereinheit verglichen werden [15]. Die pK_0-Werte von D-Glucuronsäure und 3-O-Carboxymethylglucose sind $3{,}15 \pm 0{,}05$ bzw. $3{,}22 \pm 0{,}05$. Der theoretische Ausdruck für die $\Delta pK(\alpha)$-Funktion ist folgender:

$$\Delta pK(\alpha) = -0{,}434 \, \frac{\varepsilon \Delta \psi(a)}{kT}$$

mit

$$\frac{\varepsilon \Delta \psi(a)}{kT} = \ln \left\{ \frac{a^2}{R^2} \, \frac{1 + |\beta|^2}{|\beta|^2 + (\lambda - 1)^2} \right\},$$

woraus man nach der *Katchalsky*-Theorie für große λ-Werte die Potentialdifferenz zwischen der Oberfläche des Polyions (a) und dem Bezugspunkt im Abstand R, deren Zylinderradius, erhält. Die elektrostatische Behandlung ist für eine Interpretation der potentiometrischen Daten geeignet.

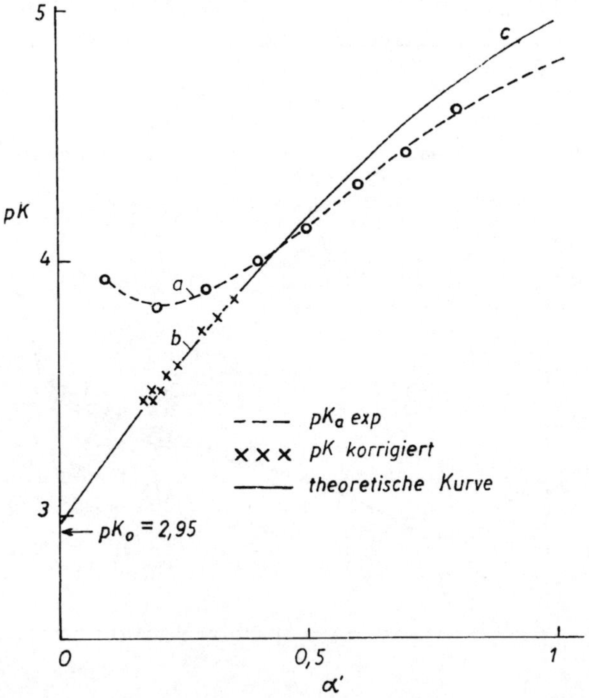

Bild 7. Änderung des pK_a-Wertes mit dem Neutralisationsgrad α' [23]
CMC-H $\overline{DS} = 1$ $c = 9{,}2 \cdot 10^{-3}$ N

3.3.1. Freie Diffusion der Gegenionen

Folgende Werte wurden für den Koeffizienten der freien Diffusion von Ca^+ und Na^+ erhalten:

$\overline{DS}$	$(D/D_0)_{Na^+}$	$(D/D_0)_{Ca^+}$
1,25	0,630	0,665
1,70	0,604	0,650
2,40	0,470	0,523
2,90	0,485	0,565

Diese experimentellen Werte werden mit den nach der *Manning*-Theorie aus der Beziehung (D/D_0) oder aus konduktometrischen Messungen berechneten Werten verglichen (Tabelle 5).

Tabelle 5. Vergleich der experimentellen Werte mit den theoretischen

$\overline{CS}$ CMC	λ	γ_{Na}	$(D/D_0)_{Cs^+}$ *	$(D/D_0)_M = 0{,}87\,\lambda^{-1}$	(D/D_0)	Φ_x **
1,25	1,698	0,520	0,665	0,512	0,5720	0,615
1,70	2,309	0,410	0,650	0,377	0,444	0,530
2,40	3,260	0,290	0,523	0,267	0,321	0,440
2,90	3,980	0,275	0,565	0,218	0,266	0,395

* $c = 2 \cdot 10^{-2}$ N

** $\Phi_x = \dfrac{\Lambda}{(\lambda_p + \lambda_c)}$ Kationenpaar Li-K

Es besteht keinerlei Übereinstimmung zwischen diesen Gruppen von Werten. Aber man kann bei Betrachtung des mit λ wachsenden Verhältnisses von $(D/D_0)_{Cs^+}/(D/D_0)_{Na^+}$ zeigen, daß Selektivität auftritt.

3.4. Ultraschallabsorption — Spezifisches Volumen

Die Störung der Hydrathülle spiegelt sich in der Dichte der Lösung und der Ultraschallabsorption wider. Beide Techniken wurden herangezogen, um auf Selektivität zu prüfen und den Bindungsmechanismus zu diskutieren.

3.4.1. Spezifisches Volumen

Unter der Voraussetzung einer unspezifischen Bindung mit Cs^+ als Gegenion wurde $\overline{V}$ für die Formen CMC-H, CMC-Li, CMC-Na, CMC-K und CMC-Cs bestimmt und ΔV, die Volumenänderung, bezogen auf einen Mittelwert an ionischen Gruppen, abgeschätzt, wobei sich für einen $\overline{DS}$ von 1,6 die folgenden Werte ergaben:

	CMC-H	CMC-Li	CMC-Na	CMC-K
ΔV ml/Gruppe	10,15	5,21	0,85	0,09

Diese Störung ergibt für die Ionen die Reihenfolge Li > Na > K ≃ Cs, wie sie auch potentiometrisch gefunden wurde. Daraus ist zu schließen, daß ΔV direkt zu der starken Bindung Kation-Polyion in Beziehung steht [11, 24].

3.4.2. Ultraschallabsorption [10]

In den Bildern 8 bis 12 sind einige mit CMC verschiedener Ladungsdichte erhaltene Ergebnisse dargestellt. Es ergeben sich folgende Schlüsse:

Tetramethylammoniumhydroxid ist ein unspezifisches Gegenion (Bild 8),
der Effekt steht direkt zur Ladungsdichte in Beziehung (Bilder 8 und 9) und tritt oberhalb eines kritischen Wertes von ($\alpha \cdot \overline{DS} \approx 0{,}6$) (Bild 10) auf, ebenso wie bei der Potentiometrie,
ein weiterer Zusatz von Gegenionen (z. B. mit NaCl) gibt keinen Effekt mehr (Bild 9).

Der Effekt hängt von der Natur der Gegenionen in der Reihenfolge Li > Na > K > Rb > Cs ≃ TMA ab (Bilder 11 und 12). Diese Technik liefert qualitative Informationen über den Assoziationsmechanismus

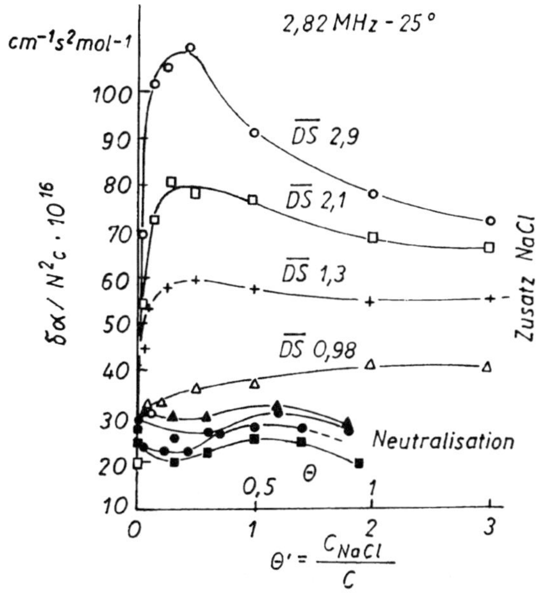

Bild 8. Neutralisation mit Tetramethylammoniumhydroxid
$\overline{DS}$ ▲ 0,98 • 1,3 ■ 2,1 ● 2,9
Zusatz von NaCl zum TMA-OH
$\overline{DS}$ △ 0,98 + 1,3 □ 2,1 ○ 2,9

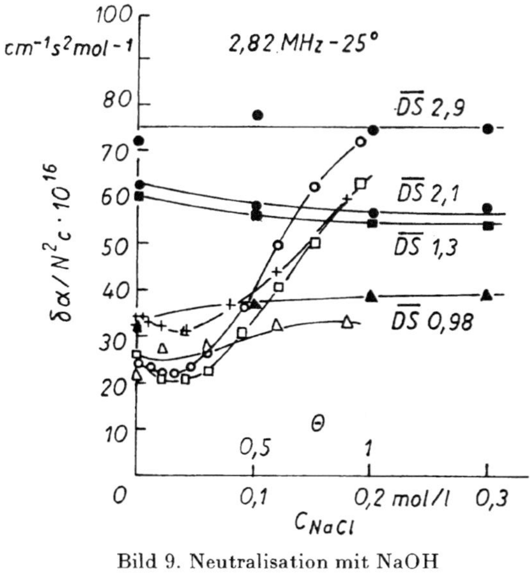

Bild 9. Neutralisation mit NaOH
$\overline{DS}$ △ 0,98 + 1,3 □ 2,1 ○ 2,9
Zusatz von NaCl zur Na-CMC
$\overline{DS}$ ▲ 0,98 • 1,3 ■ 2,1 ● 2,9

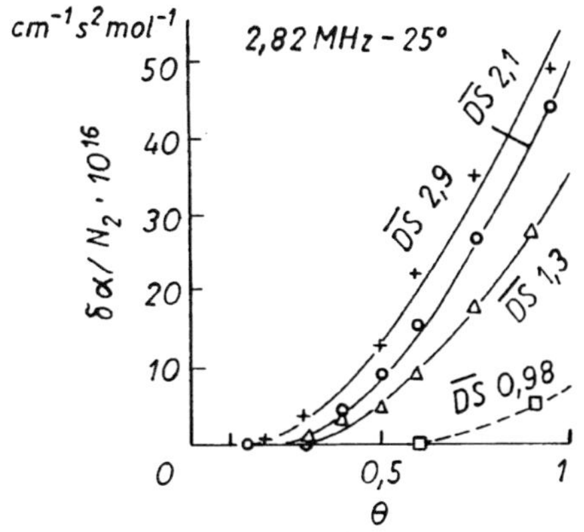

Bild 10. $\Delta\alpha/N^2C$ (θ) für verschiedene CMC ($\delta\alpha$ = Differenz zwischen den mit NaOH und TMA-OH neutralisierten Lösungen — Bilder 8, 9)

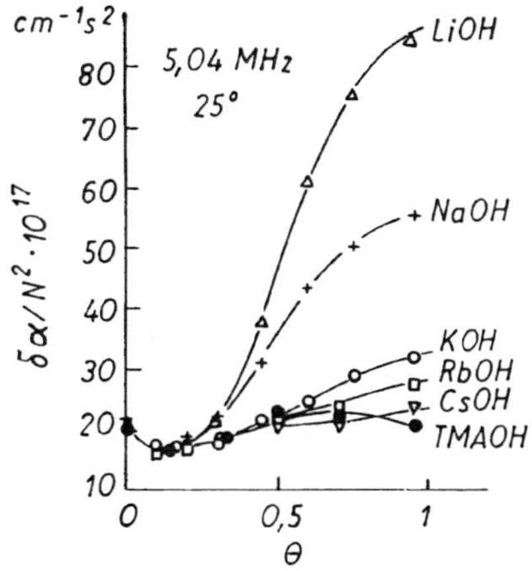

Bild 11. $\delta\alpha/N^2$ als Funktion des Neutralisationsgrades θ für eine CMC
$\overline{DS}$ (2,49 (c = 0,1 N) N = 5,04 MHz

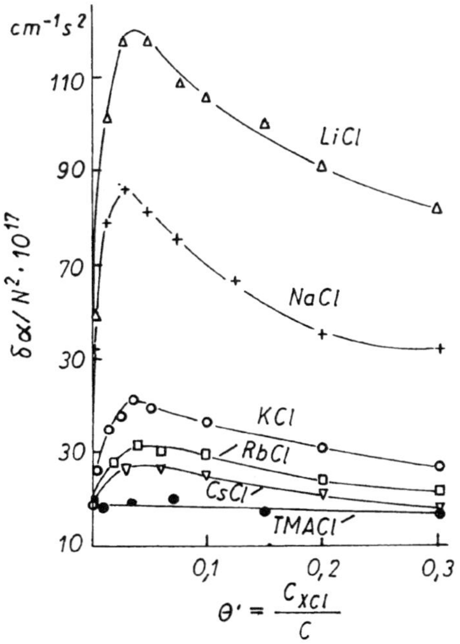

Bild 12. $\delta\alpha/N^2$ als Funktion des Salzzusatzes für eine TMA/CMC
$\overline{DS}$ 2,49 (c = 0,1 N) N = 5,04 MHz

zwischen Gegenion und dem Polyanion. So hat man zumindest drei Arten von Gegenionen zu unterscheiden: vom osmotischen Standpunkt aus freie Ionen, in der Polyelektrolytsphäre gebundene Ionen und platzgebundene Ionen (Ionenpaare). Ionenpaare mit einer Störung des Wassers treten erst oberhalb eines kritischen Wertes von λ auf. Bis heute ist es nicht möglich, diese Ionen quantitativ zu erfassen und eine theoretische Interpretation zu geben.

Zusammenfassung

In der vorliegenden Arbeit gaben wir eine Zusammenfassung unserer experimentellen Untersuchungen an Carboxymethylcellulose unter besonderer Berücksichtigung des Einflusses der Ladungsdichte. Eine theoretische Interpretation wurde für die Gleichgewichtseigenschaften der wäßrigen Lösungen mit Hilfe der von *Katchalsky/Lifson, Manning* sowie *Oosawa* vorgeschlagenen Theorien gegeben. Wir setzten dabei ein Zylindermodell voraus.

Zunächst wurde die Potentiometrie benutzt, um die Aktivitätskoeffizienten der Gegenionen zu messen und die Änderungen von pK_a mit der Ladungsdichte zu verfolgen. Die effektive Ladung $(i \cdot \overline{DS})$ wird wesentlich von der Ladungsdichte des Polyions beeinflußt, und zwar sowohl bei einwertigen als auch bei zweiwertigen Gegenionen. Um diese Daten zu interpretieren, wurde die Verteilung des elektrischen Potentials herangezogen; sie lieferte eine gute Abschätzung des Anteils an freien Gegenionen, der durch den Ausdruck (D/D_0) gegeben ist. Nichtsdestoweniger ergab die Theorie von *Oosawa*, wenn ein- und zwei wertige Gegenionen allein oder zusammen in Gegenwart der Polyionen vorlagen, die beste Übereinstimmung.

Das nach dem Verfahren von *Katchalsky* und *Lifson* erhaltene elektrostatische Potential ermöglichte eine gute Interpretation der mit einem unspezifischen Gegenion erhaltenen potentiometrischen Kurven.

Ionenselektivität tritt ab $\alpha \cdot \overline{DS} \cong 0{,}6$ auf. Das wurde durch pH-Neutralisation und U'traschallabsorption gefunden. Die Selektivität hat ihre Ursache in einer Störung der Hydrathülle der ionischen Gruppen, und die Reihenfolge ist die gleiche wie für carboylsaure Ionenaustauscher.

An Carboxymethylcellulose wurden prinzipielle Eigenschaften der Polyelektrolyte gefunden:

die effektive Ladung wächst bis zu einem Grenzwert;
der DP hat keinen Einfluß auf die thermodynamischen Eigenschaften;
es besteht keine Abhängigkeit des Aktivitätskoeffizienten von der Natur der Gegenionen, wenn diese die gleiche Wertigkeit besitzen.

An einer Reihe von Carboxymethylcellulosen mit unterschiedlichen $\overline{DS}$ zeigte sich kein spezifischer Effekt. Man kann folgern, daß alle untersuchten Eigenschaften rein elektrostatischer Natur sind. Der Aktivitätskoeffizient und die Stärke der Platzbindung hängen nur mit der linearen Ladungsdichte zusammen.

Das mag der hauptsächliche Grund für die Übereinstimmung zwischen den in dieser Arbeit erhaltenen experimentellen und theoretischen Werten sein.

Literatur

[1] *Lifson, S.*, und *Katchalsky, A.:* The electrostatic free energy of polyelectrolyte solutions. II. Fully stretched macromolecules. J. Polymer Sci. **13** (1954) 68, S. 43—55.
[2] *Katchalsky, A., Kedem, O.*, und *Alexandrowicz, Z.:* Chap. 15 in: Chemical Physics of Ionic Solutions. Conway-Barradas: Wiley 1966.
[3] *Katchalsky, A.:* Lecture Symposium International on Macromolecules. Leiden 1970.
[4] *Manning, G. S.:* Limiting laws and counterions condensation in polyelectrolyte solutions. I. Colligative properties. II. Self-diffusion of small ions. J. chem. Physics **51** (1969) S. 924—933; S. 934—938.
[5] *Oosawa, F.:* Polyelectrolytes. New York: Marcel Dekker 1971.
[6] *Rinaudo, M.*, und *Hudry-Clergeon, G.:* Étude des 0-carboxyméthylcelluloses degré de substitution variable. I. Préparation et caractérisation des produits. J. Chimie Physique **64** (1967) S. 1746—1752.
[7] *Eisenberg, H.:* Conductance of partially neutralized polymethacrylic and polyacrylic acids, using a polarization compensated twin cell. J. Polymer Sci. **30** (1958) 121, S. 47—66.
[8] *Milas, M.:* Thèse Spécialité. Grenoble 1969.
[9] *Tondre, C.*, und *Zana, R.:* Ultrasonic absorption as a probe for the study of site binding of counterions in polyelectrolyte solutions. J. physic. Chem. **75** (1971) S. 3367—3372.
[10] *Zana, R., Tondre, C., Rinaudo, M.*, und *Milas, M.:* Étude ultrasonore de la fixation sur site des ions alcalins sur des carboxyméthylcelluloses de densité du charge variable. J. Chimie Physique **68** (1971) S. 1258—1266.
[11] *Rinaudo, M.*, und *Pierre, C.:* C. R. Acad. Sci. **269** (1969) S. 1280.
[12] *Anderson, J. C.*, und *Saddington, K.:* The use of radioactive isotopes in the study of the diffusion of ions in solution. J. chem. Soc. (1949) S. 381—386.
[13] *Pefferkorn, E.*, und *Varoqui, R.:* Étude d'interaction dans les solutions de polyelectrolytes anioniques par mesure des mobilites ioniques en auto-diffusion. European Polymer J. **6** (1970) S. 663—678.
[14] *Rinaudo, M., Loiseleur, B., Milas, M.*, und *Varoqui, R.:* Étude de l'interaction des cations monovalents avec les carboxyméthylcelluloses par mesure en autodiffusion. C. R. Acad. Sci **272** (1971) S. 1003—1006.
[15] *Rinaudo, M.*, und *Milas, M.:* Symposium sur les Macromolécules. Helsinki 1972.
[16] *Rinaudo, M.*, und *Milas, M.:* Association des ions bivalents avec les polyelectrolytes antioniques. C. R. Acad. Sci. **271** (1970) S. 1170—1172.
[17] *Rinaudo, M.*, und *Milas, M.:* Étude de l'échange entre cation monovalent et cation divalent dans les Polyélectrolytes. European Polymer J. 8 (1972) S. 737—746.
[18] *Jackson, J. L.*, und *Cortell, S. R.:* Effective diffusion constant in a polyelectrolyte solution. J. chem. Physics **38** (1963) S. 959—968.
[19] *Dolar, D.*, und *Peterlin, A.:* Rodlike model for a polyelectrolyte solution with mono- and divalent counterations. J. chem. Physics **50** (1969) 7, S. 3011—3015.
[20] *Kotin, L.*, und *Nagasawa, M.:* Chain model for polyelectrolytes. VII. Potentiometric titration and ion binding in solution of linear polyelectrolyte. J. chem. Physics **36** (1962) S. 873—879.
[21] *Mock, R. A.*, und *Marshall, C. A.:* Vinyltoluene-styrene copolymer sulfonic acid. I. Viscous properties and ionic character in hydrochloric acid solutions. J. Polymer Sci. **13** (1954) 69, S. 263—277.
[22] *Rinaudo, M., Milas, M., Loiseleur, B.*, und *Pouit, L.:* Symposium sur les Macromolécules. Leiden 1970.
[23] *Rinaudo, M., Loiseleur, B.*, und *Milas, M.:* Détermination de la constante de dissociation des polyacides par potentiométrie. C. R. Acad. Sci. **273** (1971) S. 1148 bis 1151.
Rinaudo, M., und *Loiseleur, B.:* Détermination du degré d'association des cations monovalents avec les carboxyméthylcelluloses. J. Chimie Physique **68** (1971) S. 882—890.
[24] *Pierre, C.:* Thèse de Spécialité „Contribution à l'étude de la morphologie des polyélectrolytes en solutions aqueuses", Grenoble 1969.
Rinaudo, M., und *Pierre, C.:* Volume spécifique partiel des polyélectrolytes. C. R. Acad. Sci. **296** (1969) S. 1280—1283.
[25] *Rinaudo, M.*, und *Loiseleur, B.:* Application du traitement d'Oosawa à l'étude des propriétés thermodynamiques des polyélectrolytes rigides. J. Chimie Physique **69** (1972) S. 1600—1603.

Eingegangen am 15. September 1972

Neue Anwendungsgebiete für Chelite[1)]

Rudolf Hering, Pädagogische Hochschule Güstrow/DDR

DK 541.183.12:54—128.2:546.3:541.49:541.572.54

Chelatbildende Ionenaustauscher fungieren nicht nur als selektive Adsorbentien gegenüber komplexbildenden Metallionen, sie eignen sich außerdem als Ligandenaustauscher, als reversible selektive Anionenaustauscher und als unlösliche Puffersubstanzen.

Новые области применения хелитов

Ионообменники со способностью к образованию хелатов являются не только селективными адсорбентами для ионов комплексообразующих металлов. Кроме того, их можно применять в качестве обменников лигандов, обратимых избирательных анионообменников и нерастворимых буферных веществ.

New Fields of Application of Chelites

Chelating ion exchange resins are not only applied as selective adsorbers for complex-forming metal ions but they also proved suitable for application as ligand exchange resins, reversible selective anion exchange resins and insoluble buffer substances.

1. *Einführung*

Ionenaustauschermaterialien mit chelatbildenden Ankergruppen (Chelite) wurden ursprünglich zum Zweck der generellen Adsorption komplexbildender Metallionen entwickelt. In den fünfziger Jahren waren es verschiedene chelatbildende Polykondensationsharze [1], die zwar in qualitativer Hinsicht die erwarteten Eigenschaften zeigten, jedoch meist zu geringe Kapazität besaßen. In den sechziger Jahren erschienen zunehmend Arbeiten über chelatbildende Polymerisationsharze [2], die bereits bessere Gebrauchseigenschaften erkennen ließen. Deutliche Selektivitätsabstufungen gegenüber komplexbildenden Metallionen zeigten sich vor allem bei Cheliten mit N-Polycarbonsäure-Ankergruppen. Nachdem ein derartiges Chelit auch kommerziell zugänglich geworden war (DOWEX Chelating Resin A-1), erschienen in den sechziger Jahren die ersten Arbeiten zur Anwendung dieses Chelits [3]. Die Syntheseforschung bemühte sich nun hauptsächlich um die Herstellung eines brauchbaren Chelits mit Iminodiessigsäure-Ankergruppen (IDE-Chelit) [4].

1.1. *Chelite mit gemischten Ankergruppen*

Unsere eigenen Arbeiten der sechziger Jahre ergaben unter anderem, daß die Schärfe der Selektivitätsabstufung gegenüber komplexbildenden Metallionen von der Einheitlichkeit der Ankergruppen abhängt [5, 6, 7]. Die gegenwärtig kommerziellen IDE-Chelite (DOWEX A-1, WOFATIT MC 50, LEWATIT TP 207) besitzen keine formelreinen IDE-Ankergruppen; sie enthalten neben einem Hauptanteil IDE-Gruppen noch Aminosäure- und Aminogruppen. Dadurch verursacht, besitzen diese Chelite stets mehr oder weniger stark verschmierte Selektivitätsabstufungen, wodurch ihre Anwendbarkeit bezüglich der Auftrennung komplexbildender Metallionen beträchtlich eingeschränkt ist. Im allgemeinen eignen sich diese Chelite zwar sehr gut zur generellen Adsorption komplexbildender Metallionen [8, 9, 10], nicht aber zu deren Auftrennung.

1.2. *Formelreine Chelite*

Unser Anliegen war vor allem die Entwicklung, Untersuchung und Anwendung formelreiner Chelite. Ihre Synthese gelang durch Umsetzung von chlormethyliertem Styrol/DVB-Perlpolymerisat mit geeigneten N-Carbonsäure- bzw. Mercaptocarbonsäureestern und nachfolgender Verseifung der Estergruppen [4, 11]. Die wichtigsten Vertreter sind (§ = Harzgerüst):

IDE-Chelit (Iminoessigsäure-Gruppen; §-N$(CH_2COOH)_2$).

IEP-Chelit (Iminodiessigsäure-propionsäure-Gruppen

$$§-N\begin{matrix} CH_2COOH \\ CH_2CH_2COOH \end{matrix}).$$

IDP-Chelit (Iminodipropionsäure-Gruppen;

$$§-N(CH_2CH_2COOH)_2).$$

MAE-Chelit (Methylaminoessigsäure-Gruppen;

$$§-N\begin{matrix} CH_3 \\ CH_2COOH \end{matrix}).$$

MAP-Chelit (Methylaminopropionsäure-Gruppen;

$$§-N\begin{matrix} CH_3 \\ CH_2CH_2COOH \end{matrix}).$$

ME-Chelit (Mercaptoessigsäure-Gruppen; §$-S-CH_2COOH$.

MP-Chelit (Mercaptopropionsäure-Gruppen;

$$§-S-CH_2CH_2COOH).$$

2. *Zur Anwendung von Cheliten*

Die Fähigkeit der Chelite, komplexbildende Metallionen koordinativ zu binden, eröffnete zunächst eine Vielfalt überraschend einfacher Trennmöglichkeiten für komplexbildende Metallionen [3]. Obgleich die chelatbildenden Eigenschaften das wesentlichste Merkmal der Chelite sind, besitzen alle Chelite noch drei weitere Austauschfunktionen — Ligandenaustausch, Anionenaustausch und elektrovalenten Kationenaustausch. Diese Austauschfunktionen können einerseits nutzbar gemacht werden, andererseits verursachen sie oft anomales Austauschverhalten.

Im folgenden werden die vier Austauschfunktionen der Chelite getrennt erläutert und mit Beispielen aus unseren jüngeren Forschungsergebnissen belegt.

2.1. *Koordinativer Metallionenaustausch*

Die Selektivität der Chelite für komplexbildende Metallionen beruht auf der Fähigkeit ihrer Ankergruppen, aus der Koordinationssphäre von Metallionen eine

[1)] Vorgetragen auf dem Internationalen Mikrosymposium „Polyelektrolyte" am 8. und 9. Oktober 1972 in Rostock.

bestimmte Anzahl von Liganden zu verdrängen und das Metallion koordinativ zu binden (Koordinativ-Selektivität), z. B.:

$$\S\text{—N:}\begin{matrix}\nearrow CH_2COO^- \\ \searrow CH_2COO^-\end{matrix} + [M(OH_2)_6]^{++}$$

$$\rightarrow \S\text{—N}\begin{matrix}\nearrow CH_2COO\searrow \\ \xrightarrow{\hspace{2em}} \\ \searrow CH_2COO\nearrow\end{matrix} M(OH_2)_3 + 3\,H_2O. \quad (1)$$

Die Metallchelate polyvalenter Metallionen sind in ihrer Stabilität stark differenziert. Diese Eigenschaft kann zur spezifischen Maskierung bestimmter Metallionenspezies, sei es durch pH-Vorwahl, durch Komplexbildnerzusatz oder durch kinetische Effekte, und damit zur Auftrennung von Metallionengemischen genutzt werden.

Beispielgebend soll hier das IDE-Chelit näher betrachtet werden: Die Komplexchemie des IDE-Chelits gleicht weitgehend den Gesetzen der Chelatometrie und der Komplexchemie ähnlich substituierter Iminodiessigsäuren [12]. Auf Grund der stark differenzierten Komplexstabilitäten der verankerten IDE-Komplexe (pK_D: Cu^{++} 9,0; Ni^{++} 7,0; Zn^{++} 6,2; Co^{++} 6,1; Ca^{++} 2,9 und Mg^{++} 2,1), und der pH-Abhängigkeit der Komplexbildung entsprechend

$$\S\text{—}N(CH_2COOH)_2 + [M(OH_2)_n]^{++}$$

$$\rightleftarrows \S\text{—}[N(CH_2COO)_2M(OH_2)_{n-3}] + 2\,H_3O^+, \quad (2)$$

ist die effektive Komplexstabilität und damit die Selektivität eines Chelits stark pH-abhängig. Daher besitzt jedes Chelit für die Metallionenspezies charakteristische pH-Intervalle, innerhalb derer die Komplexierung und damit die Adsorption des betreffenden Metallionspezies am Chelit von Null bis zum Kapazitätsmaximum erfolgt (Bild 1).

Bei der verdrängungschromatografischen Entwicklung einer Mischung zweiwertiger Metallionen an einem formelreinen IDE-Chelit ordnen sich die Metallionenspezies in Fließrichtung in Reihenfolge fallender Komplexstabilitäten. Im Eluat erscheint jedes der aufgetrennten Spezies mit ganz spezifischem pH-Wert, der für die betreffende formelreine Ankergruppe (hier: IDE-Ankergruppe) und das betreffende Metallion charakteristisch ist und nicht von der Konzentration der Elutionssäure abhängt. Diese charakteristischen pH-Werte werden als Dekomplexierungs-pH-Werte (DpH) bezeichnet. Sie stellen quantitative Maßzahlen der pH-Selektivitätsreihen von formelreinen Cheliten dar. (DpH an

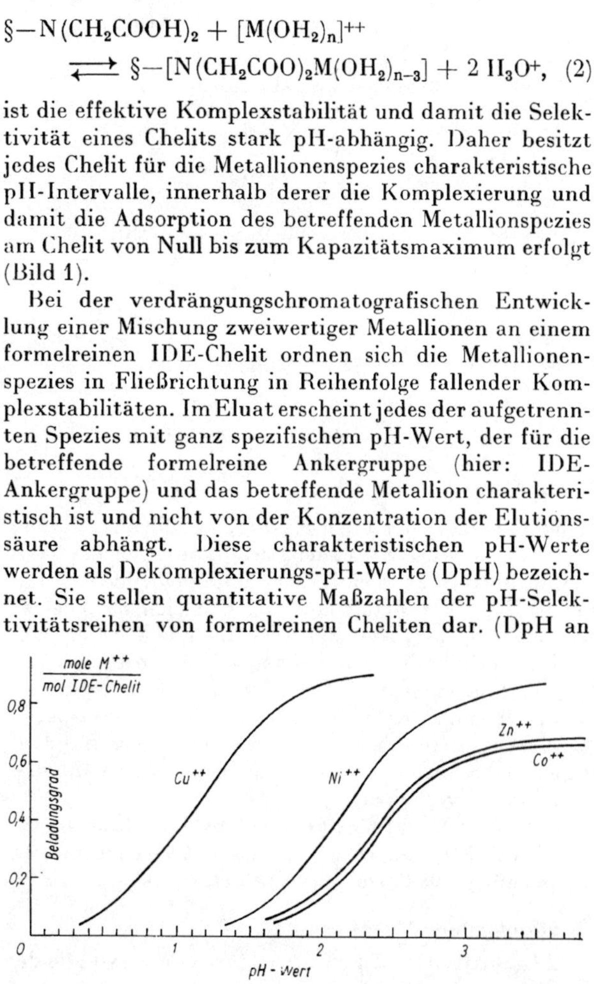

Bild 1. pH-Abhängigkeit des Beladungsgrades eines IDE-Chelits

formelreinem IDE-Chelit: Cu^{++} 1,25; UO_2^{++} 1,5; Pb^{++} 1,8; Ni^{++} 2,25; Cd^{++} 2,5; Zn^{++} 2,65; Co^{++} 2,70; Fe^{++} 3,0; Mn^{++} 3,95; Ca^{++} 4,3; Mg^{++} und Sr $^{++}$4,7; Ba^{++} 4,8; Alkaliionen 6,5).

2.1.1. Metallionentrennung durch pH-Maskierung

Die effektive Selektivität eines Chelits ist somit grundsätzlich durch den pH-Wert der Lösung vorwählbar, indem alle Metallionen mit höheren DpH-Werten als den pH-Wert der Lösung maskiert werden.

Formelreine Chelite trennen in der Regel dann quantitativ, wenn die DpH-Differenz der Spezies größer als 0,8 ist. Bei nicht formelreinen Cheliten muß die DpH-Differenz wesentlich größer sein.

Ein brauchbarer Test der Formelreinheit für IDE-Chelite ist die Trennwirkung von 0,02 m $HClO_4$ bezüglich Cu^{++}/Co^{++} und von 0,04 m $HClO_4$ bezüglich Cu^{++}/Ni^{++} [3].

Beispiele:

- Abtrennung von Palladium-Spuren aus schwächer komplexbildenden Metallionen bei pH = 1,0 an WOFATIT MC 50 [24].
- Abtrennung von Eisen(III) und Titan(IV) aus Aluminiumsulfatlösungen mittels 0,1 m $KHSO_4$ an WOFATIT MC 50 [13].

Bei DpH-Differenzen von kleiner als 0,8 erfolgt zwar keine quantitative Auftrennung der Spezies, der stärker komplexbildende Spurenbestandteil wird am Chelit aber trotzdem quantitativ angereichert.

Beispiel:

- Abtrennung von Nickelspuren aus Eisen(II)-chloridlösungen bei pH = 3 mittels WOFATIT MC 50 [14].

2.1.2. Metalltrennung durch Komplexbildnermaskierung

Durch Zusatz eines geeigneten Komplexbildners zum Metallionengemisch können unter Berücksichtigung der herrschenden pH-Maskierung bestimmte Metallionenspezies zusätzlich maskiert und damit die Trennmöglichkeiten noch erweitert werden. Als Maskierungsmittel eignen sich besonders solche Komplexbildner, deren Komplexbildungseigenschaften sich von denen der Ankergruppe stark unterscheiden, wie z. B. Chlorid, Fluorid, Bromid, Jodid, Rhodanid, Cyanid, Carbonat u. a.

Beispiele:

- Platin(IV) wird in chloridhaltigem Milieu als Hexachloroplatinat maskiert. Auf dieser Basis ist z. B. die quantitative Abtrennung von Palladium und anderen komplexbildenden Metallionen bei pH = 4 an formelreinen IDE-Cheliten möglich [9].
- Titan(IV) kann mittels Fluorid maskiert werden. Das bietet die Möglichkeit, Fe(III)/Ti(IV) bei pH = 2,5 an formelreinen MAE-Cheliten zu trennen [24].
- Quecksilber(II) wird in ammoniakalischem Milieu mittels Jodid maskiert und kann dann von allen anderen komplexbildenden Metallionen abgetrennt werden [15].
- Cu^+, Pd^{++}, Hg^{++}, Ag^+, Au^+, Co^{3+}, Ni^{++}, Zn^{++}, Cd^{++} u. a. können bei pH = 10 mittels Cyanid maskiert und auf diese Weise von Pb^{++}, UO_2^{++}, Al^{3+}, Seltenerd-, Erdalkali- u. a. Ionen getrennt werden [3]. Bei pH = 5,8 hingegen sind die Cyanokomplexe des Zn^{++} und Cd^{++} weitgehend destabilisiert, so daß sie dann wie nichtcyanokomplexbildende Metallionen reagieren [16].
- Uran(VI) läßt sich mittels Carbonat maskieren [17].

2.1.3. Metalltrennung durch kinetische Maskierung

Eine dritte Maskierungsmöglichkeit besteht in der Nutzung kinetischer Effekte. Dabei kann sowohl die Inertheit bestimmter Chelitkomplexe als auch die der Lösungskomplexe nutzbar gemacht werden.

Beispiele:

- Der Aquokomplex des Chrom(III) ist bei tiefer Temperatur derart kinetisch stabil, daß das Cr(III) maskiert erscheint. Diese Eigenschaft kann z. B. dienen, um komplexbildende Spurenmetalle aus Chrom(III)-Salzen abzutrennen.
- Bei hoher Temperatur hingegen ist die Hydrathülle des Chrom(III) kinetisch hinreichend labil, so daß Chrom(III) dann am Chelit gebunden wird. Auf dieser Basis könne Chrom(III)-Spuren von schwächer komplexbildenden Metallionen getrennt werden.

Ähnliche kinetische Effekte zeigen auch viele andere Metallionen (z. B. Fe(III), Hg(II), Seltenerd-Ionen u. a.). Sie sind jedoch in der Regel schwächer als bei Chrom(III) ausgeprägt und können daher nicht für quantitative Trennungen nutzbar gemacht werden. Bei tiefen Arbeitstemperaturen führen diese kinetischen Hemmungen normalerweise zu schmierenden und unvollständigen Metalladsorptionen. Derartige kinetische Störungen können in der Regel durch erhöhte Arbeitstemperaturen umgangen werden.

2.2. Ligandenaustausch

Chelite in Komplexform wirken als ligandenaustauschende Adsorbentien. Der Ligandenaustausch an komplexierten Cheliten kann als Gegenstück zum koordinativen Metallionenaustausch aufgefaßt werden, z. B.:

$$\S\!-\!N\genfrac{}{}{0pt}{}{\diagup CH_2COO\diagdown}{\diagdown CH_2COO\diagup}\!\!\longrightarrow M(OH_2)_3 + 3\,NH_3$$

$$\rightarrow \S\!-\!N\genfrac{}{}{0pt}{}{\diagup CH_2COO\diagdown}{\diagdown CH_2COO\diagup}\!\!\longrightarrow M\,(NH_3)_3 + 3\,H_2O.$$

IDE-Chelite binden im Gegensatz zu Sulfonsäure- und Carbonsäure-Kationen komplexbildende Metallionen so fest, daß die von der IDE-Gruppe nicht beanspruchten Koordinationsstellen des Metallions hinreichend stabile, zum Ligandenaustausch befähigte Ankergruppen darstellen. Selektivitätsvariationen können in vielfältiger Weise durch Auswahl des Chelits, des komplexfixierten Metallions und des Milieus erzielt werden. Das Gebiet des Ligandenaustauschs an komplexierten Cheliten ist praktisch noch nicht erschlossen, es ist aber bereits abzusehen, daß es viele Möglichkeiten für die Trennung komplexbildender Substanzen eröffnet.

Beispiele:

- In einer ersten Arbeit konnten wir zeigen, daß Aminosäuregemische an der Nickel- und Kupfer(II)-Form eines MAE-Chelits bei der Elution mittels Wasser durch Ligandenaustausch teilweise aufgetrennt werden [18].
- Spätere Ergebnisse ergaben, daß der Chelit-Typ einen ausschlaggebenden Einfluß auf die Trennung ausübt [19] (Bild 2).

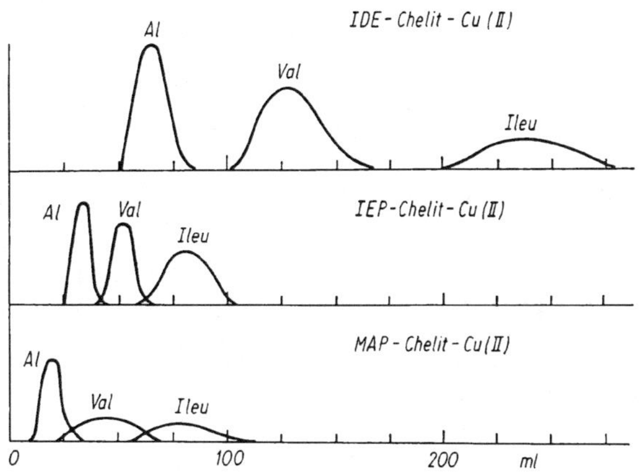

Bild 2. Trennung von Valin, Alanin und Isoleucin mittels Wasserelution an Kupfer(II)-Formen von IDE-, IEP- und MAP-Chelit

- Basische und neutrale Aminosäuren können an der Kupfer(II)-Form eines IDE-Chelits besonders einfach getrennt werden [19]:
  Fremdsalze, z. B. NaCl, erscheinen sofort im Eluat. Neutrale Aminosäuren werden mit einiger Verzögerung durch Wasser eluiert und die basischen abschließend mittels Ammoniak abgelöst. Von praktischer Bedeutung ist hierbei, daß die beiden Aminosäurefraktionen keinerlei Fremdsalze enthalten.

2.3. Elektrovalenter Kationen- und Anionenaustausch — Pufferwirkung

Außer den beiden vorangehend behandelten diametralen koordinativen Austauschfunktionen findet man bei Cheliten auch diametrale elektrovalente Ionenaustauscheigenschaften.

Die Carboxylatgruppen der Ankergruppen geben bei hinreichend hohem pH-Wert mit nichtkomplexbildenden Kationen rein elektrovalenten Kationenaustausch. Im hinreichend sauren Milieu wird der Chelon-Stickstoff protonisiert, wobei anionenaustauschende Ammonium-Ankergruppen entstehen. Aus beiden Eigenschaften ergibt sich die Möglichkeit, die verschiedenen Chelit-Typen entsprechend der Acidität ihrer Carbonsäuregruppen oder entsprechend der Basizität ihres Chelon-Stickstoffs als unlösliche Puffersubstanzen zu verwenden:

Unter Kationenaustausch puffern alle Aminosäure-Chelite im pH-Bereich 9 bis 11. IDE-Chelite besitzen zwei kationenaustauschende Puffergebiete. Die erste Protolysestufe puffert bei pH = 2 bis 4, die zweite bei pH = 10 bis 12.

Aminosäure-Chelite, pK_s etwa 10:

$$\S\!-\!\overset{+}{N}\genfrac{}{}{0pt}{}{\diagup R}{\genfrac{}{}{0pt}{}{-H}{\diagdown (CH_2)_nCOO^-}} + H_2O \rightleftarrows \S\!-\!N\!:\genfrac{}{}{0pt}{}{\diagup R}{\diagdown (CH_2)_nCOO^-} + H_3O^+;$$

IDE-Chelite, saure Protolysestufe, pK_s etwa 3:

$$\S{-}\mathrm{N}{:}\begin{matrix}\diagup CH_2COOH\\ \diagdown CH_2COOH\end{matrix} + H_2O \rightleftharpoons \S{-}\overset{+}{\mathrm{N}}{-}H\begin{matrix}\diagup CH_2COO^-\\ \diagdown CH_2COO^-\end{matrix} + H_3O^+;$$

IDE-Chelite, alkalische Protolysestufe, pK_s etwa 11:

$$\S{-}\overset{+}{\mathrm{N}}{-}H\begin{matrix}\diagup CH_2COO^-\\ \diagdown CH_2COO^-\end{matrix} + H_2O \rightleftharpoons \S{-}\mathrm{N}{:}\begin{matrix}\diagup CH_2COO^-\\ \diagdown CH_2COO^-\end{matrix} + H_3O^+.$$

Unter Anionenaustausch puffert das MAP-Chelit bei pH = 3 bis 5, das MAE-Chelit bei pH = 1,5 bis 3,5. Das anionenaustauschende Puffergebiet des IDE-Chelits liegt bei pH = 0. Es kann demzufolge kaum für praktische Zwecke genutzt werden.

MAP-Chelit, $pK_s = 3{,}9$:

$$\S{-}\overset{+}{\mathrm{N}}{-}H\begin{matrix}\diagup CH_3\\ \diagdown CH_2CH_2COOH\end{matrix} + H_2O \rightleftharpoons \S{-}\mathrm{N}{:}\begin{matrix}\diagup CH_3\\ \diagdown CH_2CH_2COOH\end{matrix} + H_3O^+;$$

MAE-Chelit, $pK_s = 2{,}7$:

$$\S{-}\overset{+}{\mathrm{N}}{-}H\begin{matrix}\diagup CH_3\\ \diagdown CH_2COOH\end{matrix} + H_2O \rightleftharpoons \S{-}\mathrm{N}{:}\begin{matrix}\diagup CH_3\\ \diagdown CH_2COOH\end{matrix} + H_3O^+;$$

IDE-Chelite, pK_s etwa 0

$$\S{-}\overset{+}{\mathrm{N}}{-}H\begin{matrix}\diagup CH_2COOH\\ \diagdown CH_2COOH\end{matrix} + H_2O \rightleftharpoons \S{-}\mathrm{N}{:}\begin{matrix}\diagup CH_2COOH\\ \diagdown CH_2COOH\end{matrix} + H_3O^+.$$

Bei Aminosäure-Cheliten überlagern sich im Neutralbereich das anionenaustauschende und kationenaustauschende Puffergebiet, so daß auch im Neutralgebiet eine gute Pufferwirkung zu verzeichnen ist. MAP-Chelit puffert daher fast kontinuierlich von pH = 3 bis pH = 11. Wegen seiner geringen Komplexbildungstendenz eignet sich MAP-Chelit besonders gut als unlösliche Puffersubstanz.

2.4. Selektiver Anionenaustausch

Die Anionen sehr starker Säuren (Perchlorat, Jodid Hexachloroplatinat, Chromat u. a.) werden bekanntlich an allen Anioniten selektiv gebunden, sofern die Ankergruppe in Ammonium-Form vorliegt. Die selektive Bindung dieser Anionen ist jedoch prinzipiell mit einer Stabilisierung der Ammoniumstruktur verbunden. Dadurch bedingt, ist dann selbst Alkalilauge nicht mehr in der Lage, das selektiv gebundene Anion durch Deprotonisierung der stabilisierten Ammoniumstruktur des Anionits abzulösen.

Der selektive Anionenaustausch an protonisierten Cheliten zeigt demgegenüber einige vorteilhafte Austauscheigenschaften: Protonisierte Chelite zeigen bei hinreichend tiefem pH-Wert prinzipiell die gleichen relativen Anionen-Selektivitäten. Da ihre Ammoniumstrukturen jedoch nur im sauren Gebiet beständig sind, genügen zu ihrer Deprotonisierung bereits relativ schwache Basen (Wasser bzw. Ammoniak).

Beispiele:

- Selektive Adsorption von Pt(IV) als Hexachloroplatinat aus stark salzsauren Metallsalzlösungen an formelreinen IDE-Cheliten [20]. Desorption des Hexachloroplatinats mittels Wasser.
- Selektive Adsorption von Jodid an MAP-Chelit aus verschiedenen Medien bei pH = 4 bis 5 [21]. Desorption des Jodid mittels Ammoniak.
- Selektive Adsorption von Chromat aus Salzlösungen an Aminosäure-Cheliten bei pH = 4. Desorption des Chromats mittels Alkalilauge [22].

2.5. Umwandlung und Überlagerung der Austauschfunktionen

Die verschiedenen Austauschfunktionen der Chelite können sich zum Vorteil und auch zum Nachteil überlagern und ineinander umwandeln.

Beispiel für Umwandlung der Austauschfunktion:

- Entfernung von Palladiumspuren aus Platin durch Ausnutzung der Koordinativ-Selektivität, indem die Hexachloroplatinatlösung bei pH = 4 über ein formelreines IDE-Chelit filtriert wird. Das am IDE-Chelit quantitativ gebundene Palladium(II) wird mittels starker HCl eluiert [9].

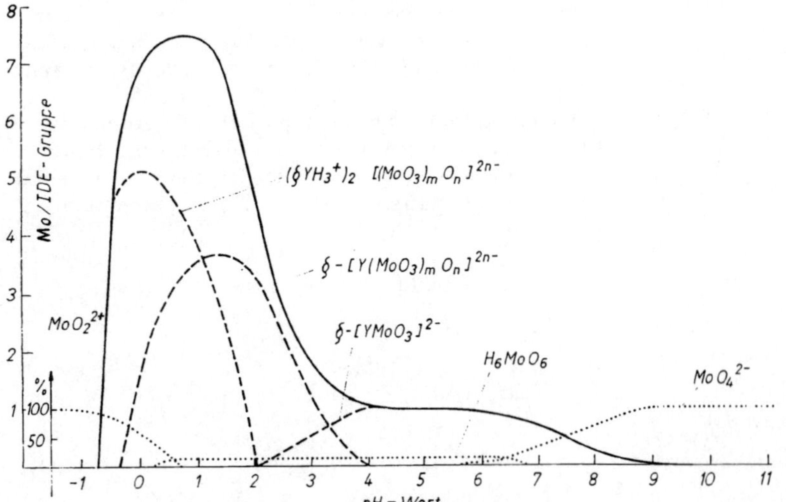

Bild 3. pH-Existenzbereiche der Molybdän(VI)-Adsorptions- und Desorptionsformen eines IDE-Chelits mit starrem makroporösem Harzgerüst und geringer Ankergruppendichte

Entfernung von Platinspuren aus Palladium durch Ausnutzung der Anionselektivität, indem die 1 m salzsaure Palladium(II)-Lösung über ein formelreines IDE-Chelit filtriert wird. Das am IDE-Chelit anionselektiv gebundene Hexachloroplatinat wird mittels Wasser eluiert [20].

Beispiel für Überlagerung der Austauschfunktionen:

Molybdän(VI) zeigt anomales Austauschverhalten, das nur aus der Umwandlung und Überlagerung verschiedener Austauschfunktionen in bestimmten pH-Bereichen erklärt werden kann [23] (Bild 3): Oberhalb pH = 9 liegt Molybdän(VI) als Molybdat-Ion, MoO_4^{--}, vor. Die IDE-Ankergruppen geben in diesem pH-Bereich nur elektrovalenten Kationenaustausch, so daß keine Adsorption des Mo(VI) erfolgt. Im pH-Bereich 7 bis 3 fungiert die IDE-Ankergruppe gegenüber MoO_3 als Chelatbildner und fixiert MoO_3 als 1:1-Komplex. Unterhalb pH = 3 bleibt die koordinative Bindung des MoO_3 zunächst noch erhalten. Das Bestreben des Molybdän(VI) zur Polyaddition unter Bildung von Isopolymolybdat führt unterhalb pH = 3 zu Austauschanomalien, indem die verankerten 1:1-Komplexe weitere MoO_3-Teilchen addieren. Auf Grund dessen treten bei pH = 1 Überkapazitäten bis zu 7,5 Mo(VI) pro IDE-Ankergruppe auf. Unterhalb pH = 2 steht diese koordinative Bindung mit einer anionselektiven Bindung des Isopolymolybdats im Gleichgewicht. Im stark sauren Gebiet wird das anionselektiv fixierte Isopolymolybdat zunehmend zu Molybdänyl-Kationen abgebaut, wobei die Ammoniumstruktur der IDE-Gruppen unselektiv elektrovalent mit Chlorid besetzt wird.

Die voranstehenden Ausführungen mögen genügen, um die Komplexität der Austauschfunktionen und die Vielfalt der daraus ableitbaren Anwendungsmöglichkeiten von Cheliten zu charakterisieren.

Meinen Mitarbeitern, insbesondere Frau *H. Kühnemann*, Herrn Dr. *D. Haupt*, Herrn *H. Murr* und Herrn Dr. *S. Steinbach* möchte ich für die sorgfältige Bearbeitung von Teilgebieten verbindlichst danken.

Literatur

[1] *Hering, R.:* Chelatbildende Ionenaustauscher. Berlin: Akademie-Verlag 1967, Kap. 1., 2. und 3.1.
[2] Vgl. [1], Kap. 1., 2. und 3.2.
[3] Vgl. [1], Kap. 1., 2. und 9.
[4] Vgl. [1], Kap. 3.2.2.1.
[5] Vgl. [1], Kap. 4., 5. und 6.
[6] *Hering, R.:* Kunstharz-Ionenaustauscher. Berlin: Akademie-Verlag 1970, S. 503–509.
[7] *Hering, R.:* Reinstoffe in Wissenschaft und Technik. Berlin: Akademie-Verlag 1972, S. 683–700.
[8] Verfahren zur Reinigung von Rohsalzlösungen für die Alkali- und Erdalkali-Elektrolyse. *Hering, R.*, und *Kühn, G.:* DWP 49347 vom 5. 8. 1966.
[9] Verfahren zur Entfernung komplexbildender Metallionen aus Platin enthaltenden Alkali- und Ammoniumchloridlösungen. *Hering, R.*, und *Gebhardt, G.:* DWP 67699 vom 5. 7. 1969.
[10] Verfahren zur Reinigung von Wolframat und Molybdat. *Hering, R.*, und *Steinbach, S.:* DWP 60299 vom 20. 2. 1968.
[11] Verfahren zur Herstellung chelatbildender Ionenaustauscher. *Hering, R.*, und *Haupt, D.:* DWP 88780 vom 4. 10. 1971.
[12] *Hering, R.:* Vgl. [6], S. 567–572.
[13] *Hering, R.*, und *Ertel, W.:* Quantitative Abtrennung des Aluminiums von Eisen(III) und Titan(IV) an Cheloniten. 46. Mitt. in der Reihe „Über Ionenaustauscher mit komplexbildenden Ankergruppen". Z. Chemie **12** (1972) 7, S. 272–273.
—: Quantitative Abtrennung des Aluminiums von Eisen(III) und Titan(IV) am Chenolit WOFATIT MC-50. 47. Mitt. in der Reihe „Über Ionenaustauscherwert komplexbildenden Ankergruppen". Z. Chemie **12** (1972), 9, S. 345–346.
[14] *Mühl, P.*, *Oppermann, H.*, *Kunze, G.*, und *Hering, R.:* Verfahren zur Herstellung von reinem, insbesondere nickelfreiem Eisen durch Ionenaustausch und Elektrolyse. DWP 79788 vom 12. 2. 1971.
[15] *Tischendorf, K.:* Abtrennung von Kupfer(II)-Spuren aus Quecksilber(II)-Salzen. Diplomarbeit, Pädagogische Hochschule Güstrow 1972.
[16] *Becker, M.:* Abtrennung von Zinkspuren aus Kupfersalzen. Diplomarbeit, Pädagogische Hochschule Güstrow 1972.
[17] *Jähnig, W.:* Über die Abtrennung von Uran(VI) aus Lösungen mit Hilfe von Cheloniten: Z. Chemie **12** (1972) S. 271–272.
[18] Vgl. [1], Kap. 7.5. und 13.
[19] *Fritsch, L.*, und *Hering, R.:* unveröffentlicht.
[20] Verfahren zur selektiven und reversiblen Adsorption des Platin(IV). *Hering, R.*, und *Gebhardt, G.:* DWP 67971 vom 20. 7. 1969.
[21] *Kühnemann, H.:* Zur Adsorption von Jodid an Cheliten und Anioniten. Diplomarbeit, Univ. Rostock, eingereicht 1972.
[22] *Murr, H.*, *Hering, R.*, und *Gebhardt, G.:* Vgl. [6] S. 577–580.
[23] *Hering, R.*, und *Steinbach, S.:* Wiss. Z. Karl-Marx-Univ. Leipzig, Math.-Naturwiss. R., **21** (1972) 1, S. 69–80.
[24] *Hering, R.:* Unveröffentlicht.

Eingegangen am 5. September 1972.

Mechanolyse von Pektinstoffen[1])

Gerhard Dongowski und Willy Bock

Akademie der Wissenschaften der DDR, Forschungszentrum für Molekularbiologie und Medizin, Zentralinstitut für Ernährung, Potsdam-Rehbrücke

DK 547.458.88:66.095.27:541.127.1

Es wird der mechanolytische Abbau von Apfelpektinsäure, hoch- und niederveresterten Apfelpektinen sowie eines Apfelprotopektinpräparates durch Schwingmahlung im lufttrockenen Zustand unter normalen Bedingungen und in Gegenwart von wasserfreiem Natriumcarbonat untersucht. Aus den Ergebnissen der viskosimetrischen und chemischen Untersuchungen der entstehenden Abbauprodukte werden Rückschlüsse auf die Kinetik und die Art der Spaltung der glykosidischen Bindung gezogen.

Механолитическая деструкция пектиновых веществ

Изучена механолитическая деструкция яблочной пектиновой кислоты, высоко- и низкозамещенных пектинов и образца протопектина путем размола в вибромельнице в сухом состоянии в обычных условиях и в присутствии безводного карбоната натрия. Исходя из результатов вискозиметрического и химического исследования образовавшихся продуктов распада сделаны выводы о кинетике и механизме расщепления глюкозидной связи.

Mechanolysis of Pectic Substances

The mechanolytic degradation of apple pectic acid, high or low esterified apple pectins and apple protopectins has been investigated by vibration milling in the air-dry state under normal conditions and in the presence of non-aqueous sodium carbonate. Conclusions to the kinetics and to the mechanism of scission of the glycosidic bonds are drawn from the results of viscosimetric and chemical investigations.

1. Einleitung

Unter dem Begriff „Pektinstoffe" werden alle in höheren Pflanzen gemeinsam mit Hemicellulosen vorkommenden makromolekularen Polysaccharide zusammengefaßt, die im wesentlichen aus $\alpha(1 \rightarrow 4)$-glykosidisch gebundenen D-Galakturonsäure-Einheiten aufgebaut sind (Bild 1). Dazu gehören die in der Interzellularsubstanz bzw. Zellwand enthaltenen, komplex zusammengesetzten und in Wasser unlöslichen Protopektine ebenso wie die durch einen unterschiedlichen Veresterungsgrad der Carboxylgruppen mit Methanol gekennzeichneten wasserlöslichen Polygalakturonide: Pektinsäuren, nieder- und hochveresterte Pektine. Auf Grund ihrer ausgeprägten hydrokolloidchemischen Eigenschaften und ihres Salz- und Komplexbildungsvermögens werden letztere im technischen Maßstab vor allem aus Apfel- und Citrusprotopektin gewonnen und in der Lebensmittelindustrie als Gelier-, Dickungs- oder Frischhaltemittel und als Texturizer vielfältig verwendet [1]. Daneben spielen die Pektine bei der enzymatischen Verarbeitung von Obst und Gemüse, als Nahrungsbestandteil und bei der Herstellung von speziellen Pharmazeutika eine wichtige Rolle.

2. Problemstellung

Zur Untersuchung enzymkinetischer, kolloidchemischer, pflanzen- und ernährungsphysiologischer sowie technologischer Problemstellungen werden hinsichtlich der rel. Molekülmasse und des Veresterungsgrades definierte Pektinpräparate benötigt [2 bis 8]. Nach eigenen Ergebnissen [6, 7, 8] kann ihre Darstellung vorteilhaft auf mechanolytischem Wege mit Hilfe der Schwingmahlung erfolgen.

Diese Abbaumethode gestattet insbesondere aus einem Ausgangsmaterial die Gewinnung einer Reihe Präparate von variierter durchschnittlicher rel. Molekülmasse bei praktisch gleichbleibender Zusammensetzung [6, 8]. Im Gegensatz zu dem in der Literatur bereits näher beschriebenen Schwingmahlabbau von Stärkepolysacchariden [9, 10, 11], Cellulose und Cellulosederivaten [12, 13] führt die Mechanolyse von Pektinstoffen je nach den angewandten Bedingungen zu gesättigten oder ungesättigten Abbauprodukten (Bild 2). Die dabei neben der hydrolytischen Spaltung der glykosidischen Bindung mögliche β-Eliminierung [14, 15] steht in einem kausalen Zusammenhang mit dem Elektrolytcharakter der nachfolgend im einzelnen untersuchten Polygalakturonid-Präparate.

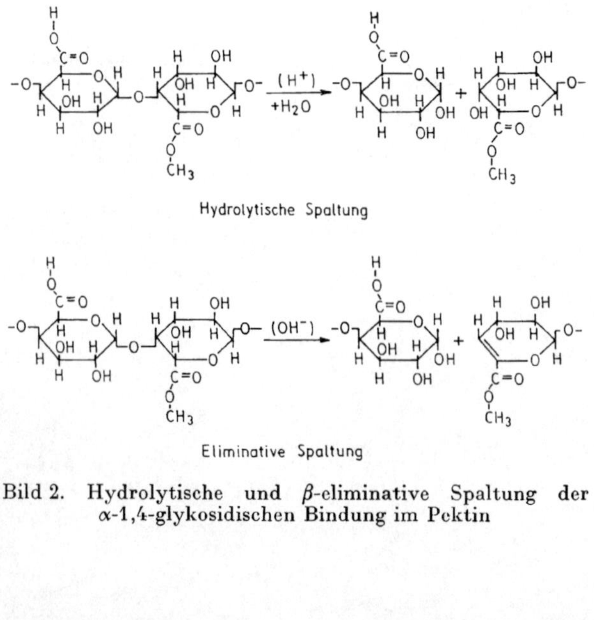

Bild 2. Hydrolytische und β-eliminative Spaltung der α-1,4-glykosidischen Bindung im Pektin

[1]) Vorgetragen von *G. Dongowski* auf dem Internationalen Mikrosymposium „Polyelektrolyte" am 8. und 9. Oktober 1972 in Rostock.

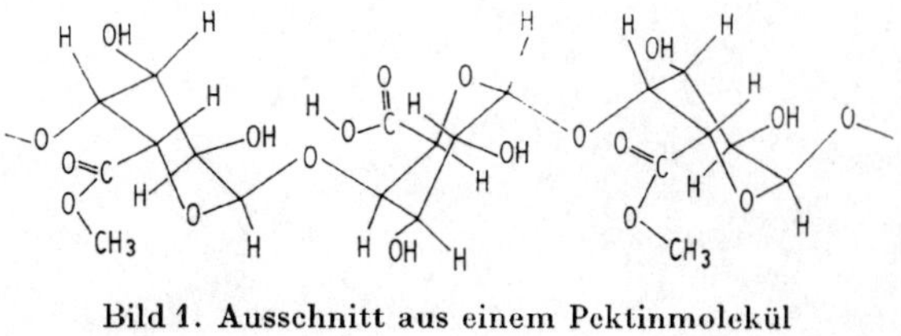

Bild 1. Ausschnitt aus einem Pektinmolekül

3. *Ergebnisse*

Alle Mahlversuche wurden in einem Laboratoriumsmodell der Schwingmühle „Vibratom" der Fa. Siebtechnik GmbH, Mülheim/Ruhr (BRD), bei einem Füllgrad von 90% und einem Füllverhältnis von 1%, bezogen auf die aschefreie Trockensubstanz, durchgeführt.

3.1. *Hydrolytische Spaltung der glykosidischen Bindung durch Schwingmahlung*

Bei dem Schwingmahlabbau von Pektinsäure, unterschiedlich veresterten Pektinen und von Protopektin — eingesetzt als äthanolunlösliche Substanz verschiedener Obst- und Gemüsearten — unter normalen Bedingungen, d. h. im lufttrockenen Zustand und beim natürlichen, schwach sauren pH-Wert der pulverförmigen Ausgangspräparate, dominiert die hydrolytische Spaltung der glykosidischen Bindung [8].

Der mittels der Carbazolreaktion [16] bestimmbare Gehalt an Anhydrogalakturonsäure unterliegt während der Mechanolyse keinen nachweisbaren Veränderungen, so daß die als Monomereinheit fungierende D-Galakturonsäure unverändert erhalten bleibt. Auch die Methylesterbindung wird innerhalb der Fehlergrenze der verwendeten Analysenmethoden (Gehalt an Methoxylgruppen und spektrophotometrische Methanolbestimmung mit Chromotropsäure) mechanolytisch nicht gespalten. Des weiteren ist kennzeichnend, daß selbst bei langer Mahldauer bis zu 200 h keine monomeren oder oligomeren Abbauprodukte aufgefunden werden. Im Falle des bisher noch nicht rein darstellbaren Protopektins ist als zusätzlicher Effekt das gleichzeitige Löslichwerden der Pektinkomponente und der Hemicellulosen Araban und Galaktan bemerkenswert.

Bild 3 zeigt, daß sowohl bei Pektinsäure (Kurve I) als auch bei hochverestertem Pektin (Kurve II) und ebenso bei der wasserlöslichen Fraktion der protopektinhaltigen Substanz (Kurve III) bereits in der Anfangsphase der Schwingmahlung ein intensiver Molekülabbau, gemessen als Erniedrigung der Viskositätszahl $[\eta]$, eintritt. Die Abbaukurven verlaufen zu Beginn der Schwingmahlung um so steiler, je höher die Ausgangsviskositätszahl $[\eta]_0$ liegt. In ihrem weiteren Verlauf

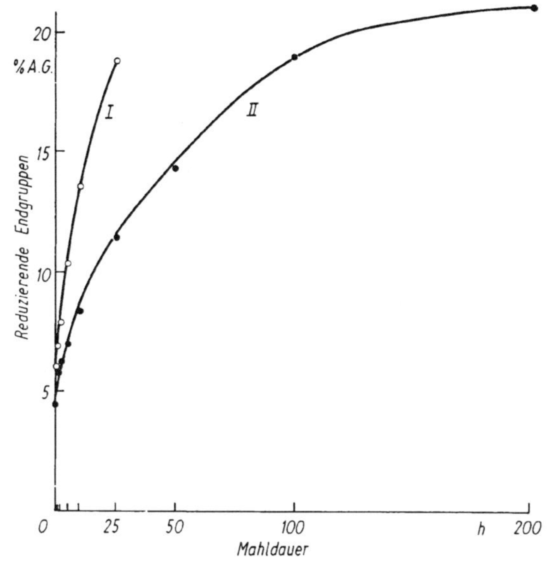

Bild 4. Zunahme der mit dem 3,5-Dinitrosalicylsäure-Reagenz bestimmten reduzierenden Endgruppen, bezogen auf Anhydrogalakturonsäure (A.G.), in Abhängigkeit von der Mahldauer bei der Mechanolyse von Apfelpektinsäure (I) und von zu 62,2% verestertem Apfelpektin (II)

strebt die Mechanolyse einem Endwert der Viskositätszahl zu, der nicht ohne weiteres als Vermahlbarkeitsgrenze [17] gedeutet werden kann. Vielmehr handelt es sich um eine Eigenschaft des makromolekularen Zustandes, denn in prinzipiell ähnlicher Weise verändert sich auch das Gelbildungsvermögen von Pektinpräparaten in Abhängigkeit von der Mahldauer.

Die zeitliche Verfolgung der Zunahme der reduzierenden Endgruppen läßt nach Bild 4 deutlich erkennen, daß eine scheinbare Konstanz der Viskositätszahl bei langer Mahldauer sich nicht adäquat in einer Grenze der Spaltbarkeit der glykosidischen Bindung widerspiegelt.

Trägt man, entsprechend Bild 5, die reziproke Viskositätszahl $1/[\eta]$ als ein Maß des Spaltungsgrades [18] gegen die Mahldauer auf, so erhält man in der Regel eine Zerlegung des Mechanolyseverlaufes in zwei gerade Abschnitte unterschiedlicher Neigung [6, 8, 10].

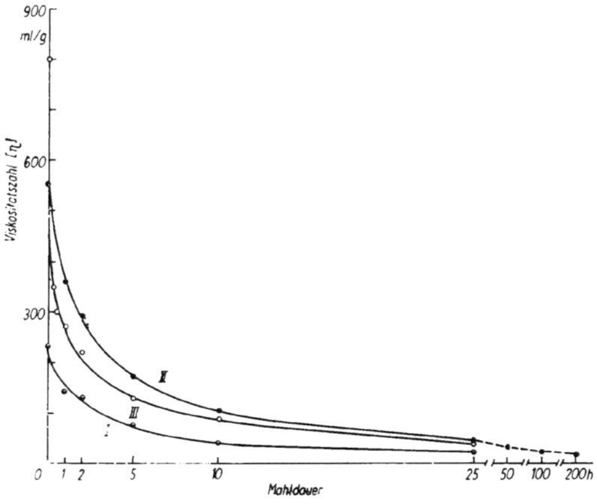

Bild 3. Veränderung der Viskositätszahl mit der Mahldauer bei der Mechanolyse von Apfelpektinsäure (I), von zu 62,2% verestertem Apfelpektin (II) und der wasserlöslichen Pektinfraktion der äthanol-unlöslichen Apfelsubstanz (III)

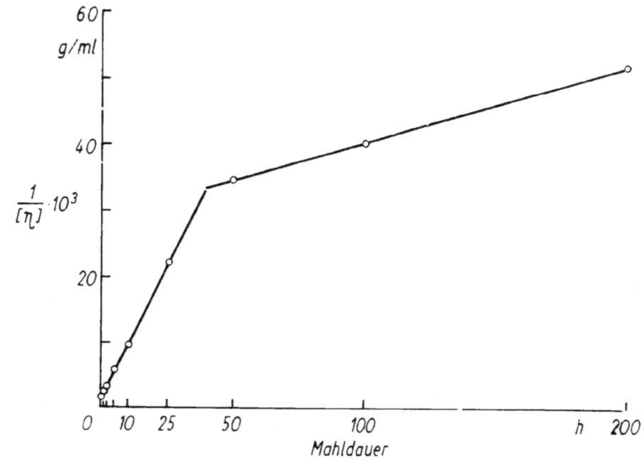

Bild 5. Reziproke Viskositätszahl als Funktion der Mahldauer bei der Mechanolyse von hochverestertem Apfelpektin (Veresterungsgrad 62,2%)

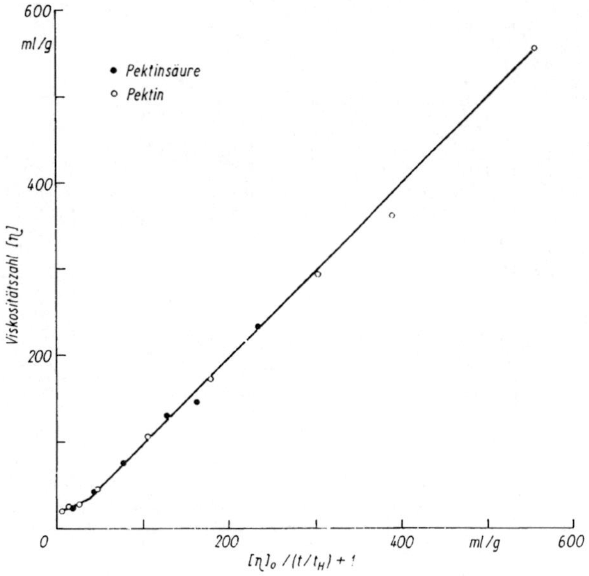

Bild 6. Erfüllung der Gleichung $[\eta]_t = [\eta]_0/(t/t_H) + 1$ beim mechanolytischen Schwingmahlabbau von Apfelpektinsäure und von zu 62,2% verestertem Apfelpektin

Der Schwingmahlabbau der untersuchten Polygalakturonide läßt sich in einem weiten Bereich der rel. Molekülmasse durch die von *Deters* und *Grohn* [13] angegebene Gleichung mathematisch beschreiben, wenn man anstelle der Polymerisationsgrade die entsprechenden Viskositätszahlen einsetzt. Die Erfüllung dieser Gleichung

$$[\eta]_t = \frac{[\eta]_0}{(t/t_H) + 1}$$

für hochverestertes Pektin und Pektinsäure gibt Bild 6 wieder. Die anschauliche Größe t_H wird als mechanolytische Halbwertszeit bezeichnet und kann unmittelbar aus den Abbaukurven (Bild 3) entnommen werden. Sie ist bei konstanten Mahlbedingungen um so kleiner, je größer die Ausgangsviskositätszahl $[\eta]_0$ der Präparate ist. Für die hochmolekulare wasserlösliche Fraktion in der protopektinhaltigen Substanz beträgt beispielsweise $t_H = 0{,}3$ h, während sich für das hochveresterte Pektin eine mechanolytische Halbwertszeit von 2,2 h ergibt.

Augustat [11] konnte darüber hinaus für Stärkepolysaccharide zeigen, daß zwischen der mechanolytischen Halbwertszeit und dem Füllverhältnis ein linearer Zusammenhang besteht, so daß es möglich erscheint, die Mahlbedingungen zur Erreichung von Präparaten mit gewünschter Viskositätszahl zu berechnen.

3.2. Eliminative Spaltung der glykosidischen Bindung durch Schwingmahlung

Über den Spaltungsmechanismus der glykosidischen Bindung unter den Bedingungen der Schwingmahlung ist bisher wenig bekannt. Mehrere Autoren halten primär die Bildung von Radikalen für entscheidend, die Sekundärreaktionen eingehen können [11]. Diesem noch ungenügend abgeklärten Sachverhalt steht der analytische Befund gegenüber, daß sich die Mechanolyse von Polygalakturoniden summarisch als eine äußerst spezifische und weitgehend statistische Hydrolyse darstellt. Unter normalen Mahlbedingungen ist es in Übereinstimmung damit auch nicht gelungen, die mögliche eliminative Spaltung der glykosidischen Bindung nachzuweisen. Wird jedoch die Schwingmahlung von lufttrockenen Pektinstoffen in Gegenwart von neutralisierend wirkenden bzw. alkalisch reagierenden Substanzen, z. B. wasserfreiem Natriumcarbonat, vorgenommen, so tritt der Mechanismus einer axial-axialen β-Eliminierung in den Vordergrund. Der Schwingmahlabbau unter diesen speziellen Bedingungen führt zu ungesättigten Abbauprodukten, die als terminalen Grundbaustein die 4-Desoxy-4,5-didehydro-β-L-threo-hexopyranosid-uronsäure enthalten.

Prinzipiell können auf diesem Wege alle Polysaccharide, die Hexopyranosiduronat-Bausteine enthalten und deren C-4-Hydroxylgruppe an der Glykosidbindung beteiligt ist, abgebaut werden. In der Natur erfolgt eine derartige Fragmentierung von Polygalakturoniden durch spezielle Transeliminasen bzw. Lyasen [19]. Während der β-Eliminierungsreaktion werden das C-5-Proton und der 4-O-Hexopyranosid-Anteil abgespalten [20]. Die Bestimmung der dabei entstehenden 4,5-ungesättigten 4-Desoxyhexopyranosidgalakturonat-Einheit gelingt auf einfache Weise durch Messung der UV-Absorption bei 232 bis 238 nm (Bild 7).

Für die unter den Bedingungen der Schwingmahlung erstmalig nachgewiesene β-Eliminierungsreaktion ist der Ladungszustand der Carboxylgruppe von entscheidendem Einfluß. Eine Veresterung erleichtert die Abspaltung des C-5-Protons. Am Beispiel des Schwingmahlabbaus von Pektinpräparaten unterschiedlichen Veresterungsgrades bei pH = 7 wird dies deutlich. Die 4,5-ungesättigten Spaltprodukte werden in Bild 7 durch die UV-Absorptionsspektren quantitativ angezeigt. Ihre Konzentration wird um so höher gefunden, je höher der Veresterungsgrad des der Schwingmahlung unterworfenen Pektinpräparates liegt. Von theoretischem Interesse ist, daß sich Calciumpolygalakturonat (Kurve IV) ähnlich dem niederveresterten Pektin (Kurve III) mit einem Veresterungsgrad von 31,5% verhält.

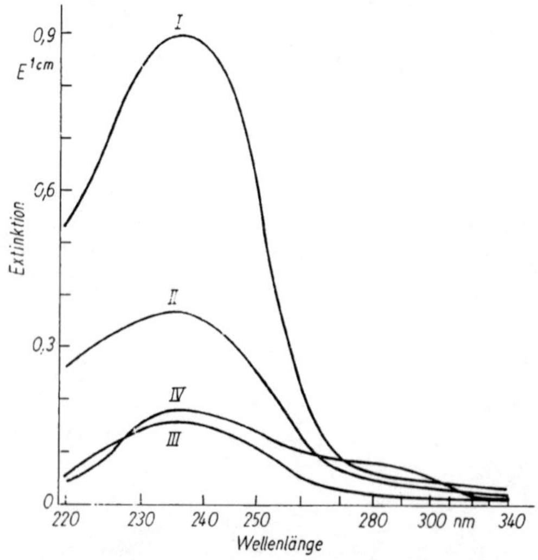

Bild 7. UV-Absorptionsspektren von 25 h bei pH = 7 mechanolytisch abgebauten Apfelpektinen mit einem Ausgangsveresterungsgrad von 85,5% (I), 50,9% (II) und 31,5% (III) sowie von Calciumpolygalakturonat (IV); gemessen in 0,1%iger Lösung gegen die entsprechenden unbehandelten Proben gleicher Konzentration

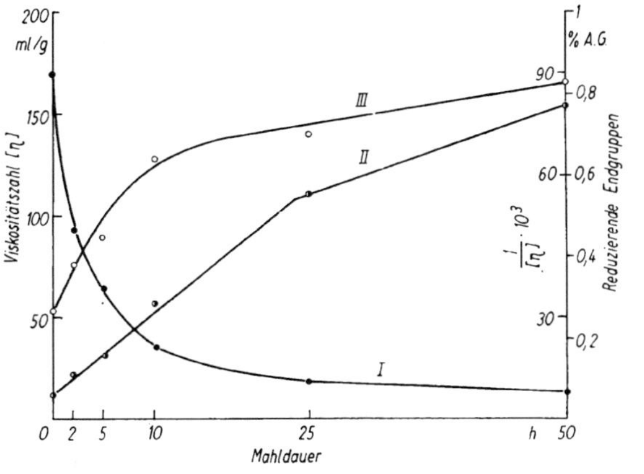

Bild 8. Abhängigkeit der Viskositätszahl (I), der reziproken Viskositätszahl (II) sowie der jodometrisch bestimmten reduzierenden Endgruppen (III) von der Mahldauer bei der Mechanolyse eines zu 50,9% veresterten Apfelpektins in Gegenwart von Na_2CO_3 bei pH = 7

Demgegenüber ist die eliminative Spaltung der glykosidischen Bindung beim Natriumpolygalakturonat und bei Pektinsäure deutlich geringer ausgeprägt.

Unabhängig von den gezeigten strukturellen Besonderheiten verläuft die Mechanolyse im neutralen oder schwach alkalischen Bereich kinetisch in vergleichbarer Weise wie unter normalen Bedingungen (Bild 8). In jedem Fall wird die Gleichung von *Deters* und *Grohn* [13] erfüllt.

Die Geschwindigkeit der β-Eliminierungsreaktion ist bei konstanten Mahlbedingungen außer vom Veresterungsgrad der Pektinpräparate noch von der Menge des Alkalizusatzes bzw. des pH-Wertes abhängig. Bild 9 gibt diesen Sachverhalt für wasserfreies Natriumcarbonat und die in wäßriger Lösung ermittelten pH-Werte 7 (Kurve I) und 9 (Kurve II) wieder. In der Bilanz, die unter Zuhilfe-

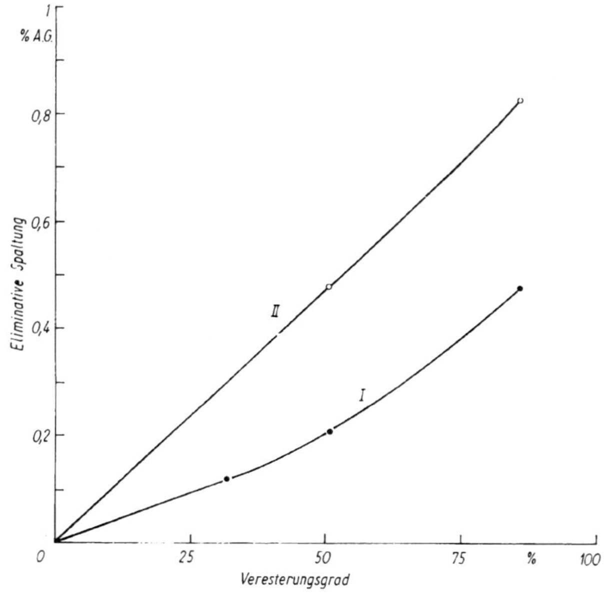

Bild 9. Abhängigkeit der eliminativen Bindungsspaltung, bezogen auf Anhydrogalakturonsäure (A.G.), vom Ausgangsveresterungsgrad der Apfelpektine nach einer Mahldauer von 50 h bei pH = 7 (I) und 9 (II)

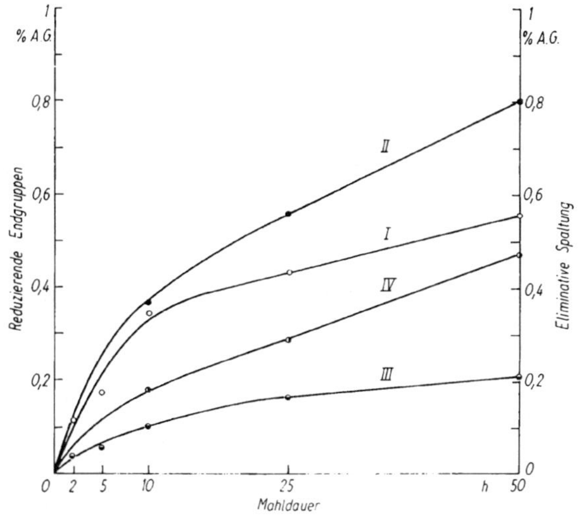

Bild 10. Zunahme der jodometrisch bestimmten reduzierenden Endgruppen (II, IV) und der eliminativen Bindungsspaltung (I, III), bezogen auf Anhydrogalakturonsäure (A.G.), von der Mahldauer bei der Mechanolyse eines zu 50,9% veresterten Apfelpektins in Gegenwart von Na_2CO_3 bei pH = 9 bzw. 7

nahme des molaren Extinktionskoeffizienten der 4,5-ungesättigten Digalakturonsäure $\varepsilon = 4800$ [21] aufgestellt werden kann, bleibt die eliminative Spaltung der glykosidischen Bindung stets hinter dem Anteil der jodometrisch bestimmten reduzierenden Endgruppen zurück. Inwieweit allerdings der in Bild 10 zum Ausdruck gebrachte quantitative Sachverhalt von einer bei der Bestimmung der reduzierenden Endgruppen möglichen, methodisch abhängigen Überoxydation [22] beeinflußt wird, muß weiteren experimentellen Untersuchungen vorbehalten bleiben. Für die präparative Herstellung von ungesättigten Pektinabbauprodukten mit Hilfe der Schwingmahlung ist darüber hinaus von Interesse, daß die 4,5-ungesättigte 4-Desoxyhexopyranosidgalakturonat-Einheit nicht mit der Carbazolreaktion erfaßt werden kann [23]. Schließlich geht mit der eliminativen Spaltung der glykosidischen Bindung eine Entesterung der Carboxylgruppe einher.

4. Diskussion der Ergebnisse

Die an einer Reihe von Versuchsbeispielen erläuterte Mechanolyse von Pektinstoffen mit Hilfe der Schwingmahlung setzt die von *Lampitt* u. Mitarb. [24, 25, 26] mit der weniger effektiven Kugelmühle begonnenen Untersuchungen systematisch fort. Die wesentlichsten Vorteile gegenüber anderen Abbaumethoden sind: Die Spaltung der glykosidischen Bindung erfolgt weitgehend statistisch und unter Umgehung des Lösungszustandes. Man erhält bei guter Reproduzierbarkeit bevorzugt makromolekulare Abbauprodukte von gewünschter durchschnittlicher rel. Molekülmasse, ohne daß wesentliche Nebenreaktionen die Ausbeute mindern. Weiterhin kann die Spaltung der glykosidischen Bindung im Sinne einer Hydrolyse oder einer β-Eliminierung gesteuert werden. Die Mechanolyse von Protopektin ermöglicht schließlich die Darstellung von löslichen Fraktionen, wie sie für Strukturuntersuchungen bisher anderweitig noch nicht zur Verfügung stehen.

Zusammenfassung

Die Methode des mechanolytischen Abbaus von Pektinstoffen durch Schwingmahlung im lufttrockenen Zustand wird zur Herstellung von Abbauprodukten definierter Viskositätszahl [η] eingesetzt. Unter normalen Bedingungen erfolgt die Spaltung der α(1 → 4)-glykosidischen Bindungen in polygalakturonsäurehaltigen Präparaten, z. B. in Pektinsäure, hoch- und niederveresterten Pektinen und in Protopektinen, summarisch als Hydrolyse. Die in den Pektinstoffen mit Methanol veresterten Carboxylgruppen bleiben vollständig erhalten. Es kommt weder zu einer Zerstörung der mit dem Carbazolreagenz analytisch erfaßbaren Galakturonsäureeinheit noch zu einer signifikanten Veränderung des Veresterungsgrades.

Bei der Vermahlung der Pektinstoffe zusammen mit neutralisierend wirkenden bzw. alkalisch reagierenden Substanzen, z. B. wasserfreiem Natriumcarbonat, findet hingegen eine hervortretende eliminative Spaltung der glykosidischen Bindungen unter Bildung von 4,5-ungesättigten Abbauprodukten mit einem Absorptionsmaximum bei 235 nm statt. Diese Reaktion wird um so ausgeprägter gefunden, je höher das zur Schwingmahlung eingesetzte polygalakturonsäurehaltige Präparat mit Methanol verestert ist. Mit der eliminativen Spaltung der glykosidischen Bindung geht ferner eine partielle Entesterung der Carboxylgruppen einher.

Die Mechanolyse von Pektinstoffen erweist sich insgesamt als eine vorteilhafte Methode zur Herstellung makromolekularer Abbauprodukte, wie sie für die Untersuchung zahlreicher wissenschaftlicher und praktischer Fragestellungen benötigt werden.

6. Literatur

[1] *Bock, W.*: Zur Gewinnung und Verwendung von Apfelpektin. Ernährungsforschung **16** (1971) 1, S. 245–255.

[2] *Bock, W.*, *Pose, G.*, und *Augustat, S.*: Über die Resorption und die hämostatische Wirkung von Pektin bei der Ratte. Biochem. Z. **341** (1964) S. 64–73.

[3] *Bock, W.*, *Richter, B.*, und *Vetter, K.*: Einflußnahme von Pektin auf die Thromboplastinzeit von Humanplasma. Folia haematol. **84** (1967) 4, S. 345–357.

[4] *Dongowski, G.*, und *Bock, W.*: Zur Anwendung von Entfärbungsharzen in der Pektinindustrie. Ernährungsforschung **13** (1968) 2, S. 467–473.

[5] *Bock*, W., und *Dongowski, G.*: Anwendung von WOFATIT EZ zur Reinigung von wäßrigen Pektinlösungen. In: Kunstharz-Ionenaustauscher. Berlin: Akademie-Verlag 1970, S. 437–444.

[6] *Bock, W.*, *Krause, M.*, und *Dongowski, G.*: Verbesserung der Löslichkeit von Pektinsäure durch Schwingmahlabbau. Angew. makromol. Chemie **6** (1969) S. 60–69.

[7] *Bock, W.*, *Dongowski, G.*, und *Krause, M.*: Differenzierung von Polygalakturonase-Präparaten. Nahrung **16** (1972) 7, S. 787–799.

[8] *Dongowski, G.*: Der Abbau von Pektinstoffen durch Schwingmahlung als Methode zur Untersuchung von wissenschaftlichen und technologischen Problemstellungen. Dissertation Universität Rostock 1970.

[9] *Grohn, H.*, und *Grohn, W.*: Verfahren zum Dispergieren von hochmolekularen Stoffen. DRP 592712. A.: 8. 12. 31, B.: 15. 2. 34.

[10] *Augustat, S.*: Beiträge zum Studium des mechanolytischen Abbaus von Amylose und Amylopektin durch Schwingmahlung. Dissertation TH Leuna-Merseburg 1966.

[11] *Augustat, S.*: Herstellung von Polysaccharidpräparaten unterschiedlicher Molekülgröße durch mechanolytischen Abbau in trockenem Zustande. Ernährungsforschung **13** (1968) 2, S. 475–483.

[12] *Grohn, H.*, und *Deters, W.*: Über den mechanochemischen Abbau von Cellulose und Cellulosetriacetat durch Schwingmahlung. 1. Mitt. zur Mechanochemie der Cellulose und Cellulosederivate. Faserforsch. u. Textiltechnik **13** (1962) S. 544–549.

[13] *Deters*, W., und *Grohn, H.*: Über die Kinetik des mechanochemischen Abbaus von Cellulose und Cellulosetriacetat durch Schwingmahlung. 2. Mitt. zur Mechanochemie der Cellulose und Cellulosederivate. Faserforsch. u. Textiltechnik **14** (1963) S. 58–62.

[14] *Neukom, H.*, und *Deuel, H.*: Alkaline degradation of pectin. Chem. and Ind. (1958) S. 683.

[15] *Albersheim, P.*, *Neukom, H.*, und *Deuel, H.*: Splitting of pectin chain molecules in neutral solutions. Arch. Biochem. Biophys. **90** (1960) S. 46–51.

[16] *McCready, R. M.*, und *McComb, E. A.*: Extraction and determination of total pectic materials in fruits. Analytic. Chem. **24** (1952) 12, S. 1986–1988.

[17] *Steurer, E.*, und *Hess, K.*: Über die Vorgänge bei der Verformung und dem mechanochemischen Abbau hochpolymerer Stoffe durch Schwingmahlung. Z. physik. Chemie **193** (1944) S. 248–257.

[18] *Matthes, A.*: Die begriffliche und rechnerische Behandlung eines Teilchengrößenabbaus bei der Cellulose. Kolloid-Z. **98** (1942) S. 319–329.

[19] *Rombouts, F. M.*, und *Pilnik, W.*: Research on pectin depolymerases in the sixties. A literature review. Crit. Rev. Food Technol. **3** (1972) 1, S. 1–27.

[20] *Kiss., J.*, und *Burkhardt, F.*: β-eliminativer Abbau bei 4-O-substituierten Hexopyranosiduronat-Derivaten. Helv. chim. Acta **53** (1970) 5, S. 1000–1011.

[21] *Macmillan, J. D.*, und *Vaughn, R. H.*: Purification and properties of a polygalacturonic acid-trans-eliminase produced by Clostridium multifermentans. Biochemistry **3** (1964) 4, S. 564–572.

[22] *Voragen, A. G. J.*, *Rombouts, F. M.*, *Hooydonk, M. J.*, und *Pilnik, W.*: Comparison of endgroup methods for the measurement of pectin degradation. Lebensmittel-Wiss. u. Technol. **4** (1971), 1, S. 7–11.

[23] *Nagel, C. W.*, und *Hasegawa, J.*: The isolation and characterization of an α-1,4(4,5-dehydrogalacturonosyl) galacturonate hydrolase. J. Food Sci. **33** (1968) 4, S. 378–382.

[24] *Lampitt, L. H.*, *Money, R. W.*, *Judge, E. E.*, und *Urie, A.*: Pectin studies. Part II. The effect of dry grinding. J. Soc. chem. Ind., London **66** (1947) S. 157–160.

[25] *Lampitt, L. H.*, *Money, R. W.*, und *Judge, E. E.*: Pectin studies. Part IV. Consideration of gel strength and viscosity. J. Soc. chem. Ind., London **69** (1950) S. 53–55.

[26] *Lampitt, L. H.*, *Money, R. W.*, und *Judge, E. E.*: Evidence of molecular constitution from dry grinding experiments. Chem. and Ind. (1954) S. 1113.

Eingegangen am 25. September 1972.

Neue Bücher

Encyclopedia of Polymer Science and Technology. Plastics, Resins, Rubbers, Fibers. Hgg. von *H. F. Mark*, *N. G. Gailord* und *N. M. Bikales.* Vol. 14. Thermogravimetric Analysis to Wire and Cable Coverings. New York/London/Sidney/Toronto: Interscience Publ./Wiley 1971. XIII, 805 S. Geb. Subskriptionspreis £ 17,50, Einzelpreis £ 23,50.

Der 14. Band beginnt mit dem Kapitel *Thermogravimetric Analysis.* Die Autoren *L. Reich* und *D. W. Levi* beschreiben auf 40 Seiten die prinzipielle Methodik — das kontinuierliche Aufzeichnen einer Probenmasse bei vorgegebener Aufheizgeschwindigkeit — und diskutieren ausführlich die Möglichkeiten, auf Grund der experimentellen Ergebnisse Aussagen über die thermische Stabilität von Polymeren zu treffen sowie die Kinetik der Abbaureaktionen zu bestimmen.

Es folgt ein Artikel über *Tires* (*J. C. Ambelang* und *T. A. Riehl*, 23 S.). Reich illustriert, gewährt er einen Überblick über die geschichtliche Entwicklung, über die Herstellungstechnologie sowie über die Prüfmethoden. Nach vorsichtigen Schätzungen geht der Trend des Reifencordeinsatzes in den USA eindeutig in Richtung Polyester und Glas, während Rayon an Bedeutung verliert.

Die Arbeit *Torsional Braid Analysis* (*J. K. Gillham*, 15 S.) behandelt das Wesentliche zu Theorie und Praxis dieser neuen polymeranalytischen Methode. *Ultracentrifugation* informiert ebenfalls in gedrängter Form über die vielseitige, aber exklusive Charakterisierungsmöglichkeit von Größe und Gestalt von Makromolekülen (*R. C. Williams* und *D. A. Yphantis*, 19 S.).

Ultraviolet-Radiation Absorbers sind Substanzen, die einem Polymeren zugesetzt werden, um den photochemischen Abbau besonders im UV-Bereich zu verhindern. *G. R. Lappin* erklärt zwar auf 24 Seiten die Wirkungsweise dieser Additiva (soweit sie farblos sind) — und weist auf die Problematik der Testmethoden hin — man wundert sich trotzdem immer wieder, daß das alles auch tatsächlich funktioniert, wo doch die Absorbermoleküle so spärlich im Polymerverband vorhanden sind; ihre Effektivität ist beneidenswert.

Die Parade der Vinyl-Verbindungen eröffnen die *Vinyl Alcohol Polymers.* Das Kapitel, von *M. K. Lindemann* verfaßt, ist unterteilt in *Poly* (*Vinyl Alcohol*) (58 S.) und *Poly* (*Vinyl Acetals*) (31 S.); es vermittelt eine Fülle von technologischen, physikalischen, chemischen und anwendungstechnischen Fakten. Elf Seiten sind den PVA-Faserstoffen gewidmet.

Es geht dann weiter mit Arbeiten über Polymere des N-Vinylamids, des Vinylamins, von aromatischen Vinylverbindungen (außer Styrol), des Vinylbromids, des Vinylcarbazols, der Vinylcycloalkane, des Vinylencarbonates, der Vinyläther, des Vinyl- und Vinylidenfluorids, des Vinylidenchlorids (auf Faserstoffe vom SARAN-Typ wird nur am Rande eingegangen), des Vinylidencyanids (auch hier kommen die Copolymer-Fasern sehr kurz weg), der Vinylketone und schließlich der Vinylpyridine — alles in allem etwa 250 Seiten geordnete Tatsachen, empfehlenswert jenen Fachkollegen, die, nicht an vordergründige ökonomische Prämissen gebunden, Ausschau nach modifizierten Faserstoff-Typen halten.

Das gewichtigste Kapitel des 14. Bandes füllen die *Vinyl Chloride Polymers* (178 S.). Der Stoff ist auf 9 Unterabschnitte verteilt, wobei für acht *C. A. Brighton* als Autor genannt wird: Introduction, Polymerization, Copolymers, Properties, Compounding, Fabrication, Applications, Chlorinated Poly (Vinyl Chloride). Der Leser kann sich allseitig mit Wissen versorgen; er muß allerdings einige Wiederholungen in Kauf nehmen. Am Ende des Kapitels werden auf knapp 15 Seiten die Fasern beschrieben (*J. P. Dux*). Angaben zu den Acrylnitrilcopolymerisat-Faserstoffen fehlen; der Autor verweist hier auf das Kapitel über Modacrylfasern.

Eine umfassende Studie über *Viscoelasticity* stammt von *J. D. Ferry* (47 S.). Hier wird die Natur des viskoelastischen Verhaltens von Polymeren in ihrer ganzen Komplexität auf mathematischer Grundlage diskutiert. Auch das folgende Kapitel *Viscometry* von *J. B. Kinsinger* (23 S.) zeichnet sich durch eine genaue und gestraffte Darstellung aus. Der Autor bezieht sich nur auf verdünnte Lösungen, berücksichtigt aber dabei verzweigte Polymere, Copolymere und Polyelektrolyte.

Polymere werden künftig stärker als bisher im sogenannten outdoor-Sektor eingesetzt werden; z. B. sollte die extrem hohe spezifische Reißfestigkeit bestimmter Synthesefaserstoffe — in Textilien selten bis zur Grenze ausgenutzt — die Architekten anregen, Konstruktionen mit ausgeprägter Zugbelastung zu erfinden. Voraussetzung für einen solchen Einsatz ist eine ausreichende Wetterbeständigkeit. *J. E. Clark* versucht im Kapitel *Weathering* (16 S.), das komplizierte Problem zu systematisieren. Hier tut sich ein weites Feld auf.

V. Gröbe

Introduction to Mass Spectrometry. Von *H. C. Hill.* 2. Aufl London/New York/Rheine: Heyden & Son 1972. VIII, 116 S. Brosch. £ 1.25.

Die 1966 erschienene erste Auflage des Buches fand verbreitete Verwendung in Kursen über Massenspektrometrie und wurde ins Deutsche, Italienische und Japanische übersetzt. Der zweiten Auflage liegt eine von *A. G. Loudon* überarbeitete Fassung des Textes zugrunde. Die inzwischen erfolgten Fortschritte wurden durch Änderungen und Erweiterungen einiger Abschnitte berücksichtigt. Das Buch soll dem organischen Chemiker für die Möglichkeiten der Massenspektrometrie das gleiche Verständnis vermitteln, wie es meist für andere spektroskopische Methoden vorhanden ist, und ihn befähigen, ein Massenspektrum so vollständig wie möglich zu interpretieren.

Im ersten Kapitel über Instrumentation und Probenbehandlung werden die vier Stufen zur Anfertigung eines Massenspektrums beschrieben: Vorbereitung und Einführung der Probe in das Gerät, Ionisierung, Ionentrennung im elektrischen und magnetischen Feld und die Registrierung des Spektrums. Das Prinzip der einfach und doppelt fokussierenden Massenspektrometer sowie der Flugzeitspektrometer wird erläutert. Das zweite Kapitel enthält die experimentellen Grundlagen der Massenspektrometrie, wie die Problematik der Zuordnung der m/e-Werte, die Intensitätsmessung, Isotopieeffekte, metastabile Peaks und hochauflösende Massenspektrometrie. Im dritten Kapitel werden die Spaltprozesse und die Entstehung des Massenspektrums durch das Zusammenwirken von Spalt- und Umlagerungsprozessen beschrieben. Das vierte Kapitel befaßt sich schließlich mit der Interpretation des Massenspektrums. Beispiele für verschiedene Verbindungstypen werden ausführlich diskutiert. An unbekannten Spektren kann der Leser seine Kenntnisse überprüfen. Neben einem Schema zum Vorgehen bei der Interpretation eines Massenspektrums enthält das Kapitel noch spezielle Verfahren, wie die massenspektroskopische Verschiebungstechnik, und Hinweise zur qualitativen und quantitativen Analyse von Mischungen.

Das Buch eignet sich ausgezeichnet als Grundlage für Vorlesungen und Seminare über die Anwendung der Massenspektrometrie, wobei die zahlreichen Spektren und Beispiele von besonderem Nutzen sind. Es ist gleichermaßen zu empfehlen, um sich im Selbststudium die notwendigen Grundkenntnisse der Massenspektrometrie anzueignen. Dem kommt entgegen, daß die Kapitel nur das Wichtigste enthalten, so daß man sie ohne Abschweifungen zügig durcharbeiten kann. Für ein tieferes Eindringen in die Massenspektrometrie wird eine Reihe von Monographien empfohlen. Vom Rezensenten wurde ein kurzer Abschnitt über den Einsatz der modernen Datenverarbeitung in der Massenspektrometrie vermißt, ohne die heute kaum ein Massenspektrometer betrieben wird.

Die Anschaffung des Buches ist allen, die sich direkt oder indirekt mit der Massenspektrometrie befassen, sehr zu empfehlen. Es sei noch darauf hingewiesen, daß auch die zweite Auflage des Buches in deutscher Übersetzung (DM 14,00) erscheint.

J. Dechant

Polymer Science and Materials. Hgg. von *A. V. Tobolsky* und *H. F. Mark.* New York/London/Sydney/Toronto: Wiley/Interscience 1971. X, 404 S., Geb. £ 10,05.

Dieses Buch will das Interesse des Studenten für die Polymerwissenschaft und Polymertechnologie wecken und ihm die Motive geben, sich tiefer mit diesem sich entwickelnden Gebiet zu beschäftigen. Den beiden Herausgebern, die gleichzeitig die Hauptautoren des Buches sind, kommt es darauf an, die grundlegenden Ideen der Polymerwissenschaft so einfach wie möglich darzubieten. Für den Studenten sei es wichtiger, „die ereignisreiche und lebendige Entwicklung des Fachgebietes zu verstehen und auch ein Gefühl für seine Perspektive zu bekommen, als von Anfang an eine vollständige und detaillierte Kenntnis anzustreben". Für den Fortgeschrittenen ist dieses Buch daher nicht geschrieben. Er wird in den Kapiteln seines Spezialgebietes gelegentlich Dinge vermissen, die ihm wichtig erscheinen. Jedoch hat auch er einen Gewinn bei der Lektüre, da ihm andere Kapitel durch ihre klare und gedrängte Darstellung einen guten Überblick verschaffen.

In dem vorliegenden 1. Band (das Buch soll in zwei Bänden erscheinen) behandeln 16 Kapitel spezielle Themen der Wissenschaft und Technik der Polymeren. Es werden die Polymermoleküle und ihre wesentlichen Eigenschaften wie rel. Molekülmasse und deren Verteilung und Konformationen besprochen. Weitere Kapitel sind der Thermo- und Hydrodynamik der Polymerlösungen, den Phasenübergängen und -umwandlungen, dem mesomorphen und kristallinen Zustand in Polymeren, der Kautschukelastizität, den viskoelastischen Eigenschaften und der Festigkeit von Polymeren gewidmet. Einem Kapitel über die Diffusion durch Polymere folgen drei Kapitel über die Wissenschaft des Kautschuks, der Plaste und der Fasern. Jedes Kapitel ist in sich abgeschlossen. Insgesamt geben sie jedoch einen Überblick über diesen Teil der Polymerwissenschaft und -technologie. Bis auf ein kurzes Kapitel über Gleichgewichtspolymerisation sind keine Darstellungen von Polymeraufbaureaktionen aufgenommen worden.

Über 75 Jahre sind die beiden Herausgeber zusammen in der Polymerwissenschaft engagiert und haben wesentlich zu ihrer Entwicklung beigetragen. Ihr Anliegen, dieses interessante Gebiet durch eine einfache, klare und begeisternde Darstellung den Studenten nahezubringen, ist nach Ansicht des Rezensenten gelungen und sehr beachtenswert.

P. Fritzsche

Membranes from Cellulose and Cellulose Derivatives. Hgg. von *A. F. Turbak* (Applied Polymer Symposia No. 13. New York/London/Sydney/Toronto: Wiley-Intersc. 1970. X, 337 S. Brosch. £ 8,00.

Der als 13. Veröffentlichung in der Reihe „Applied Polymer Symposia" erschienene Band enthält die Vorträge des Symposiums „Membranen aus Cellulose und Cellulosederivaten", das mit Unterstützung der Abteilung für Cellulose, Holz und Faserchemie der Amerikanischen Chemischen Gesellschaft am 16. und 17. April 1969 in Minneapolis/Minnesota stattfand. Die Vorträge wurden zwei Hauptthemen (reverse Osmose; Hämodialyse und Ultrafiltration) zugeordnet.

1. Membranen für die reverse Osmose
1.1 Anwendung der reversen Osmose in der chemischen Industrie (*S. S. Kremen* und *J. H. Myers*)
1.2 Entsalzungsmembranen aus Celluloseacetat mit hoher Retention bei der reversen Osmose (*W. M. King, P. A. Cantor, L. W. Schoellenbach* und *C. R. Cannon*)
1.3 Der Transport von NaCl und Wasser durch hydrophile Filme bei Kompression (*D. L. Michelsen* und *P. Harriott*)
1.4 Cellulosische Verbundmembranen für die reverse Osmose (*M. E. Cohen, B. M. Riggleman* und *P. D. Drechsel*)
1.5 Ultradünne Celluloseacetatmembranen zur Wasserentsalzung (*L. T. Rozelle, J. E. Cadotte* und *D. J. McClure*)
1.6 Wassertransport durch ultradünne Membranen aus gemischten Celluloseester- und ätherderivaten (*J. E. Cadottek, L. T. Rozelle, R. J. Petersen* und *P. S. Francis*)
1.7 Experimente zur reversen Osmose mit Graphitoxidmembranen (*L. C. Flowers, D. E. Sestrich* und *D. Berg*)
1.8 Treibende Kraft des Wassertransportes in Celluloseacetat: Das Quellungsphänomen (*J. L. Bert, I. Fatt* und *D. N. Saraf*)
1.9 Kontrolle der Konzentrationspolarisation und Hemmung des Verschmutzens von Celluloseacetat-Hyperfiltrations-Membranen durch hohe axiale Geschwindigkeit (*J. D. Sheppard* und *D. G. Thomas*)
1.10 Herstellung neuartiger Membranen durch Strahlungspfropfung von Styrol auf Celluloseacetat (*H. B. Hopfenberg, V. Stannett, F. Kimura* und *P. T. Rigney*)
1.11 Morphologie modifizierter Celluloseacetatmembranen (*H. Yasuda* und *C. E. Lamaze*)
1.12 Differential-Scanning-Kalorimetrie von Celluloseacetat (*B. Kokta, P. Luner* und *R. Suen*)
2. Membranen für Hämodialyse und Ultrafiltration
2.1 Ultradünne Membranen zur Anwendung in der Hämodialyse (*L. T. Rozelle, R. J. Petersen* und *R. D. Cornelinssen*)
2.2 Methoden zur Verbesserung von Cellulose-Membranen für die Hämodialyse (*D. C. Weber, T. Kon, G. L. Mrava* und *Y. Nosé*)
2.3 Polymerparameter von cellulosischen Trägermaterialien zur Serumprotein-Elektrophorese (*M. D. Gebott, J. C. Marshall* und *T. H. Meltzer*)
2.4 Neue Membranen für die Hämodialyse (*G. L. Mrava, T. Kon, D. C. Weber* und *Y. Nosé*)
2.5 Leistungsoptimierung der klinischen künstlichen Niere — Neue Methoden zur Erhöhung der Stoffübertragung und ihre klinische Bedeutung (*T. M. Regan, W. G. Esmond, C. Streckfus, A. Wolbarsht* und *B. Baker*)
2.6 Anwendung von Cellulosemembranen zur Filtration von Luft, Wasser und biologischen Flüssigkeiten (*T. A. Jameson* und *T. H. Meltzer*)
2.7 Statistische Optimierung einer Cellulosemembran (*A. M. Staké, F. C. Bock, A. Enders* und *T. H. Meltzer*)
2.8 Neue Membranen auf Basis Regeneratcellulose für die künstliche Niere (*V. K. Kulshrestha* und *W. J. Kolff*)
2.9 Verbesserte Verarbeitung von Nahrungsmitteln durch reverse Osmose (*R. L. Merson* und *L. F. Ginnette*)
2.10 Abwasserbehandlung durch reverse Osmose (*R. T. Skrinde, W. L. Short* und *D. J. Smola*)

Der vorliegende Band gibt einen guten Überblick über ein wichtiges Anwendungsgebiet für polymere Werkstoffe, wobei dem Charakter des Symposiums gemäß Cellulose und Cellulosederivate im Vordergrund stehen. Dem Trend von Wissenschaft und Technik zu neuen Methoden der Stofftrennung entspricht besonders die reverse Osmose, welcher der erste Teil gewidmet ist. Mit dieser Methode sind Wasserentsalzung und Abwasserreinigung möglich. Es wird über die Verwendung von Membranen zur reversen Osmose berichtet, einschließlich der theoretischen und praktischen Grundlagen zur Membranherstellung, Modifizierung und Charakterisierung. Die Herstellung der beschriebenen Membranen erfolgt aus Polymerlösungen über einen Gießprozeß, wobei glatte bzw. poröse Flächen als Trägermaterial zum Einsatz kommen. Durch chemische Reaktionen (Regenerierung, Pfropfung) oder Zusatz von Additiven werden sie modifiziert. Die Charakterisierung reicht von der Bestimmung der Porengröße (Morphologie) bis zu Angaben über Transporteigenschaften (Wasserpermeabilität, Dialyseeigenschaften) und Salzretention. Über die Grundlagenforschung hinaus geht die Beschreibung kommerzieller brauchbarer Einrichtungen für die Wasserentsalzung.

Dem Komplex Ultrafiltration und Hämodialyse sind die Beiträge des zweiten Teiles gewidmet. Cellulosemembranen als hydrophiles Material eignen sich gut zum Einsatz bei der Blutreinigung und zur Konzentrierung biologischer Lösungen und flüssiger Nahrungsmittel. Membrankonstruktion, -charakterisierung und -verwendung werden analog dem ersten Teil beschrieben.

Der Leser gewinnt aus den Beiträgen wertvolle Informationen über das aktuelle Thema der Membranforschung und Stofftrennung. Die Lektüre kann jedem empfohlen werden, der sich für neue Aspekte bei der Anwendung von Cellulose und Cellulosederivaten interessiert.

H.-H. Schwarz

Einfluß der Vorgarndrehung auf die Gespinsteigenschaften. Von *Herbert Stein* und *Herbert van der Weyden.* Forschungsberichte des Landes Nordrhein-Westfalen. Nr. 2199. Köln und Opladen: Westdeutscher Verlag 1971. 51 S., brosch. DM 29,70.

Die Vorgarndrehung beeinflußt in starkem Maße die Haft-Gleit-Eigenschaften des zu verziehenden Vorgarnes. Die vorliegende Arbeit befaßt sich mit möglichen Vorteilen, die sich durch Erhöhen der Vorgarndrehung ergeben könnten. Überprüfungskriterien der aus verschieden hart gedrehten Vorgarnen hergestellten Garne sind: lineare Ungleichmäßigkeit, mittlere Reißkraft und mittlere Reißlänge, Variationskoeffizienten der Reißkraft und Reißlänge, Kraft-Dehnungseigenschaften in den unteren Dehnbereichen.

Die unterschiedliche Vorgarndrehung wird teilweise primär am Flyer und teilweise sekundär mittels einer Nachdrehvorrichtung am SKF-Spinntester erzeugt.

Beim Baumwoll-Spinnverfahren sind zwar bei erhöhter Vorgarndrehung geringfügige Qualitätsverbesserungen möglich, dafür müssen aber andererseits Nachteile in Kauf genommen werden.

Die Ausführungen über das Kammgarn-Spinnverfahren beginnen mit einer Betrachtung über das unterschiedliche Verzugsverhalten von Vorgarnen mit echtem (Flyer) und mit falschem Draht (Finisseur). Die Garneigenschaften der aus diesen Vorgarnen hergestellten Wollmischgarne werden gegenübergestellt, wobei die Garne aus Finisseurvorgarnen eine höhere Reißkraft und eine etwas höhere Gleichmäßigkeit haben. *H. Fuchs*

Textile Faserstoffe und ihre Pflegeeigenschaften. Von *G. Rösch.* Herford: Bussesche Verlagshandlung 1972. 95 S. DM 10,50.

In der Reihe „Textilpflege in Wäscherei und Chemischreinigung“ erschien als 3. Ausgabe der Band von *Rösch* über die textilen Faserstoffe und ihre Pflege. Die Arbeit ist auf die Belange der Wäscherei und Chemischreinigung ausgerichtet. Im Vordergrund der Behandlung der einzelnen Faserstoffarten stehen Aufbau, Verhalten beim Waschen und Chemischreinigen von daraus hergestellten Textilien und die Pflege der Textilien.

Der Wäscher und Chemischreiniger findet alle Fakten über Faserstoffe und Textilien, die er für seine Arbeit wissen und beachten muß. Auch der Laie findet über den Umgang mit Textilien, besonders solchen aus Synthesefaserstoffen viele nützliche Hinweise. Die Abbildungen und Tabellen erläutern in anschaulicher Weise den dargebotenen Stoff. Die Abschnitte 1 bis 5 befassen sich mit den textilen Faserstoffen, ihren Eigenschaften, dem Verhalten und Pflegebedarf daraus hergestellter Textilien und mit dem Waschen und Chemischreinigen. Im 6. Abschnitt werden Verfahren zum Erkennen bzw. Bestimmen der Faserstoffart in Textilien beschrieben, der letzte Abschnitt gibt einige Hinweise auf einschlägige Fachliteratur. Ohne den Wert der Arbeit für den Wäscher und Chemischreiniger mindern zu wollen, sei darauf hingewiesen, daß immer die gleichen Begriffe für den gleichen Faserstoff verwendet werden sollten, z. B. für Polyacrylnitrilfasern nicht auch noch Acrylfasern, was „Silicon“, Abb. 1, bedeutet, ist unklar. Eine solche Faserstoffart gibt es nicht. Die Polyäthylen- und Polypropylenfaserstoffe, Abb. 1, sind keine Polyvinylverbindungen, die Handelsnamen sollten richtig geschrieben werden, z. B. Seite 43 und Seite 48.

Als wünschenswerte Ergänzung wäre ein Sachwortverzeichnis nützlich; ein Glossar mit den neuen, für den Praktiker wichtigen Ausdrücken und mit den entsprechenden Erklärungen wäre ebenfalls zu empfehlen. Das Buch von *Rösch* ist für den Praktiker wie auch für den Lernenden in der Wäscherei und Chemischreinigung ein recht nützliches Informationsmittel. *K. Meyer*

Soil Resistant Textiles. Von *M. W. Ranney.* Textile Processing Review, Nr. 5.; New Jersey: Noyes Data Corp. 1970. VI, 216 S. Broshc. $ 35.—

Im Band „Soil Resistant Textiles“ werden 111 US-Patente, die zwischen März 1954 (USP 2672427) und September 1969 (USP 3468697) an 39 Firmen erteilt wurden, ausführlich referiert.

Der Band gliedert sich in folgende Kapitel: Metalloxide und Salze für die Behandlung von Teppichen; Acryl- und Vinylpolymere; Silicone; Fluorchemische Verbindungen, und ein Kapitel über allgemeine Verfahren, in dem Imidazoline, Aminoplaste u. a. als Antischmutz-Ausrüstungsmittel beschrieben sind. Den größten Raum (etwa 130 Seiten) nimmt die Anwendung von Fluorverbindung für die Ausrüstung von Teppichen, Polstermaterialien und sonstigen Textilien ein.

Bei den verschiedenen Verfahren sind die Strukturformeln der verwendeten Verbindungen, Anwendungsbeispiele und Ergebnisse (meist in tabellarischer Form) sehr übersichtlich dargestellt. Firmen-, Erfinder- und Patentnummernregister vervollständigen den Band.

Patentübersichten der vorliegenden Art sind nur für einen relativ begrenzten Kreis von Spezialisten der einschlägigen Fachgebiete von unmittelbarem Nutzen. Für diese Nutzer ist aber der Wert, den diese nahezu vollständige Patentübersicht über ein wichtiges Forschungs- und Anwendungsgebiet besitzt, besonders hoch. Darüber hinaus sollte dieser Band in keiner polymerwissenschaftlichen Bibliothek als Wissensspeicher und Nachschlagewerk fehlen. *K. Dietrich*

Polyester Fiber Manufacture 1971. Von *Marshall Sittig* (Chemical Process Review Nr. 56.) Park Ridge, N.J.: Noyes Data Corp. 1971. Brosch. $ 36,—.

Der Band „Polyester Fiber Manufacture“ stellt den technologischen Anschluß an das 1965 erschienene Buch von *Ludewig* über „Polyesterfasern“ (Akademie-Verlag Berlin) dar. Es werden 168 US-Patente, die zwischen dem 23. 3. 1965 (USP 3174830) und dem 6. 7. 1971 (USP 3591629) an 46 Firmen erteilt wurden, referiert. Dabei werden alle Gebiete der Polyesterherstellung (Kompositionen und Mischungen, Ausgangsprodukte, Herstellung von Bis-hydroxyäthylterephthalat, Vorpolymerisation, Polykondensation, Abfallrückgewinnung und Spinnverfahren) behandelt.

Wie alle Fortschrittsberichte der Noyes Data Corporation gibt auch der vorliegende Band eine ausgezeichnete Übersicht über die Entwicklung der Polyestertechnologie seit 1965.

Autor und Verlag beanspruchen im Vorwort zwar keine vollständige Erfassung der US-amerikanischen Patentliteratur, schreiben aber, daß das Buch auf der Patentliteratur seit 1965 „basiert“. Für den Wert des Buches sowohl als Nachschlagewerk wie auch als Wissensspeicher über die technologischen Entwicklungen innerhalb eines bestimmten Zeitraumes wäre es deshalb begrüßenswert, wenn die vollständige US-Patentliteratur erfaßt wäre. So ergab ein flüchtiger Vergleich mit einer eigenen unvollständigen Patentkartei über Umesterungs- und Polykondensationskatalysatoren, daß mindestens 20 US-Patente (z. B. USP 3563956, 3533973, 3528946, 3391122, 3254055) nicht berücksichtigt wurden. Über die Katalysatorenentwicklung gibt das Buch deshalb keine vollständige Auskunft.

Trotz dieses Nachteiles ist das Buch für Technologen und Verfahrenschemiker ein wertvolles Hilfsmittel. *K. Dietrich*

Nichtwäßrige Lösungsmittel. Von *T. C. Waddington.* Uni-Taschenbücher 142. Heidelberg: Hüthig-Verlag. 1972. 122 S. Brosch. DM 12,80.

Das Buch ist eine Übersetzung aus dem Englischen und stellt eine kurzgefaßte Einführung in das Gebiet der nichtwäßrigen Lösungsmittel dar. Im ersten Kapitel werden auf 20 Seiten die Grundlagen der Wechselwirkung zwischen dem gelösten Stoff und dem Lösungsmittel behandelt. Die weiteren Kapitel befassen sich mit den protonischen Lösungsmitteln flüssiges Ammoniak, flüssiger Fluorwasserstoff und Schwefelsäure (27 Seiten), mit Distickstofftetroxid und Schwefeldioxid als Lösungsmittel (20 Seiten), mit flüssigen Halogeniden — Nitrosylchlorid und Phosphorylchlorid — als Lösungsmittel (11 Seiten), mit flüssigen Halogeniden-Arsentrichlorid, Arsentrifluorid, Arsentribromid, Antimontrichlorid. Jodmonochlorid und Bromtrifluorid — als ionisierende Lösungsmittel (12 Seiten) und schließlich mit geschmolzenen Salzen (19 Seiten). Neben dem Verhalten anorganischer Substanzen werden auch die Löslichkeiten organischer Verbindungsklassen in den verschiedenen Lösungsmitteln beschrieben. In einer Bibliographie sind zu jedem Kapitel einige Übersichtsarbeiten bzw. Monographien angegeben, die ein tieferes Eindringen in die Problematik ermöglichen.

Das Buch wendet sich in erster Linie an Studenten. Da bei polymerchemischen Arbeiten solche nichtwäßrige Lösungsmittel, wie z. B. Schwefelsäure, Schwefeldioxid oder Ammoniak, zunehmend an Bedeutung gewinnen, dürfte das Bändchen aber auch für den Polymerchemiker zur Erlangung eines modernen Überblicks und als Einführungsliteratur von Interesse sein. *H. Schleicher*

Textildruck. Arbeitsmittel und Verfahren des Textildrucks. Von *Karlheinz Spitzner.* 2., völlig neubearbeitete Auflage. Leipzig: Fachbuchverlag 1972. 264 S. Lwd. M 39,—.

Die Qualitätsentwicklung im Bereich des Textildrucks macht es notwendig, eine genaue Kenntnis der verwendeten Arbeitsmittel und Verfahren zu besitzen sowie die technischen und physikalisch-chemischen Vorgänge zu verstehen. Die vorliegende Monographie wird diesen Ansprüchen in hohem Maße gerecht. Die verschiedenen Textildruckverfahren werden mit ihren entsprechenden Arbeitsmitteln umfassend behandelt.

Nach einer Schilderung der Anfänge des Textildrucks schließt sich der Filmdruck an. Gegenüber der 1. Auflage wird hier auch ausführlich auf den modernen Rotations-Filmdruck eingegangen. Ebenso ausführlich wird der Rouleauxdruck beschrieben. Ein weiteres Kapitel ist den speziellen Druckverfahren wie Vigoureuxdruck, Garndruck, Kettdruck, Photodruck, Flockdruck, Umdruckverfahren, Orbisdruckverfahren und Teppichdruck gewidmet. Breiten Raum nehmen die für eine Textildruckerei notwendigen Hilfs- und Nebeneinrichtungen ein, zum Beispiel Schablonenherstellung, Walzengravurverfahren, Farbküche und Dämpfer, auch unter Berücksichtigung neuer Dämpftechnologien. Weitere Kapitel behandeln die Vor- und Nachbehandlung der Druckware sowie die betriebliche Meß-, Steuer- und Regeltechnik. Auf Druckrezepturen, die im allgemeinen schnell überholt sind, wurde erfreulicherweise verzichtet. Zur Veranschaulichung ist das Buch mit einem reichhaltigen Bildmaterial (325 Bilder) ausgestattet. Ein Literaturverzeichnis (bis 1968), Bildquellen- und Sachwortregister sowie ein Anhang mit dem Verzeichnis aller bekannten Filmdruckmaschinen mit ihren technischen Parametern, die gute Vergleichsmöglichkeiten bieten, beschließen das Werk.

Das Buch sei besonders dem Betriebspraktiker sowie dem Dozenten und Studierenden der Textilveredlung empfohlen. *Horst Frenzel*

Patentschau

Auszug aus der Lieferung 13/14/1972 der Patentschau „Faserstoffe und Textiltechnik", Ausgabe A: Faserstoffe einschl. Kunststoffe und organ. Grundsubstanzen, zusammengestellt von der Abteilung Information und Dokumentation des Instituts für Polymerenchemie der AdW der DDR, 153 Teltow-Seehof, Kantstr. 55

Die Patentschau ist nach der internationalen Patentklassifikation (IPC) gegliedert. Es bedeuten: DLP = DDR-Patent; DTP = Deutsches Bundespatent; DTA = (West-)Deutsche Auslegeschrift; DTO = (West-)Deutsche Offenlegungsschrift; OEP = Österreichisches Patent; CHP = Schweizer Patent; FRP = Französisches Patent; GBP = Britisches Patent; JAP = Japanisches Patent; POP = Polnisches Patent; SWP = Schwedisches Patent; SUP = Sowjetisches Patent; CSP = Tschechoslowakisches Patent; USP = Amerikanisches Patent; A = Anmeldedatum, O bzw. B = Tag der Ausgabe der Offenlegungs-, Auslege- bzw. Patentschrift.

Sektion B. Arbeitsverfahren

B 65. Fördern, Packen, Lagern; Handhaben dünner oder fadenförmiger Werkstoffe

B 65h. Behandeln von dünnem oder fadenförmigem Gut, z. B. Folien, Gewebe, Kabel

DLP 88165. Schwingungsdämpfer für Spulentragarme an Aufspulmaschinen für synthetische Fäden. Erf. u. Inh.: *Hans Walter* u. *Günter Seidel.* A. 3. 12. 70, B. 20. 2. 72. Kl.: 29a, 6/13, Int. Kl.: B 65h 54/52. A.-Z.: WP 29a/151698.

DTO 1774713. Abspulvorrichtung für fadenförmiges Gut. Erf.: *Stefan Fürst.* Anm.: Reiners, Walter, 4050 Mönchengladbach. A. 20. 8. 68, B. 4. 11. 71. Kl.: 47k, 3/04, Int. Kl.: B 65h 59/02. A.-Z.: P 1774713.

Sektion C. Chemie und Metallurgie

CHEMIE

C 03. Glas; Mineral- und Schlackenwolle

C 03b. Herstellung, Formgebung und Nachbehandlungsverfahren

DLP 88840. Verfahren zur Herstellung feinster Fasern, insbesondere aus Glas. Erf. u. Inh.: *Greiner-Bär, Gerhard, Herbert Fölsche, Klaus Leipold-Kuller, Rudi Wenzel,* u. *Arno Weschenfelder.* A. 18. 2. 71, B. 20. 3. 72. Kl.: 32a, 37/06, Int. Kl.: C 03b 37/06. A.-Z.: WP C 03b/153195.

GBP 1261743. Verfahren für eine Vorrichtung zur Bildung von Faserbündeln. Inh.: Rank Organisation Ltd. A. 10. 4. 70, B. 26. 1. 72. Kl.: C1.M, Int. Kl.: C 03b 37/02, 23/04. A.-Z.: 21319/69. Entspr. DTO 2020148.

C 07. Organische Chemie

C 07c. Acyclische und carbocyclische Verbindungen

DTO 1768753. Verfahren zur Herstellung von Bis-(beta-hydroxyäthyl)-terephthalat. Erf.: *Yataro Ichikawa, Mutsushi Suzuki, Gentaro Yamashita, Yuichi Akachi* u. *Osamu Kobayashi.* An,.: Teijin Ltd., Osaka (JA). A. 26. 6. 68, B. 18. 11. 71. Kl.: 12o, 14, Int. Kl.: C 07c 69/82. A.-Z.: P 1768753.

FRP 2088971 (B). Verfahren zur Herstellung von höheren Acryl- und Methacrylsäureestern. Inh.: Ugilor. A. 30. 4. 70, B. 11. 2. 72. Int. Kl.: C 07c 67/00, 69/00. A.-Z.: 7016039.

C 08. Makromolekulare Verbindungen; ihre Herstellung und chemische Verarbeitung; auf diesen Verbindungen beruhende Gemische

C 08b. Polysaccharide und deren Derivate

GBP 1261374. Verfahren zur Herstellung von Alkalicellulose. Inh.: Courtaulds Ltd. A. 19. 6. 69, B. 26. 1. 72. Kl.: C2.A, Int. Kl.: C 08b 1/08. A.-Z.: 29351/68.

C 08f. Polymerisationsprodukte

DLP 85085. Prozeßregelung bei der Herstellung eines Polymeren. Erf.: *Dirk Klaassen, Luciano Johannes Spadon* u. *Meindert Tiessens.* Inh.: Stamicarbon N. V. (NL). A. 19. 3. 70, B. 20. 11. 71. Kl.: 39b4, 1/06, Int. Kl.: C 08f. A.-Z.: AP 39b4/146298. Prior.: 20. 3. 69 (NL; A.-Z.: 6904266). Entspr. DTO 2013497 u. FRP 2039702.

DTO 1770492. Verfahren zur Synthese von Polymeren. Erf.: *Djuro Petrov.* Anm.: Organsko Hemijska Industrija Naum Naumovski Borge, Skopje (YU). A. 24. 5. 68. B. 11. 11. 71. Kl.: 39 b4, 1/58, Int. Kl.: C 08f 1/58. A.-Z.: P 1770492. Prior.: 11. 12. 67 (YU; A.-Z.: 2425/67, 2426/67).

CHP 520716. Verfahren zur kontinuierlichen Reinigung von Polymeren in organischen Lösungen. Erf.: *Anacleto Clementi.* Inh.: Snam Progetti S.p.A., Corso Venezia 16, Mailand (IT). A. 16. 2. 71. Int. Kl.: C 08f 1/88. A.-Z.: 2237/71. Prior.: 18. 2. 70 (IT; A.-Z.: 20745 A/70). Entspr. DLP 86261, DTO 2106797 u. FRP 2078683.

FRP 2092557 (B). Verfahren zur Polymerisation von ungesättigten Verbindungen. Erf.: *Raffaele Ercoli, Mauro Guainazzi* u. *Giuseppe Silvestri.* Inh.: Snam Progetti S.p.A. A. 31. 3. 71. B. 25. 2. 72. Int. Kl.: C 08f 1/00, 3/00. A.-Z.: 7111266. Prior.: 2. 4. 70 (IT; A.-Z.: 22877 A/70). Entspr. DTO 2116227.

FRP 2093276 (B). Verfahren zur lösungsmittelfreien Polymerisation von Olefinen. Erf.: *Laszlo Havas* u. *Pierre Mangin.* Inh.: Société Naphtachimie. A. 9. 6. 70, B. 3. 3. 72. Int. Kl.: C 08f 1/00, 3/00, B 01j 11/00. A.-Z.: 7021067.

FRP 2093881 (B). Verfahren zur Abtrennung eines elastomeren Sequenzcopolymeren aus der Reaktionsmischung. Inh.: Stamicarbon N. V. A. 28. 5. 71, B. 3. 3. 72. Int. Kl.: C 08f 1/00, 15/00. A.-Z.: 7119568. Prior.: 29. 5. 70 (NL; A.-Z.: 7007776).

JAP 7112140. Kristallines Polypropylen. Erf.: *Sanae Tanaka, Nobuya Nakamura, Shinichi Yoshida* u. *Tadahiko Maeno.* Inh.: Mitsubishi Petrochemical Co. Ltd. A. 30. 5. 66, B. 29. 3. 71. Int. Kl.: C 08f, B 01j.

JAP 7113378. Wasserlösliche tert. Alkylperoxyhydrogenphthalate. Erf.: *Takeshi Komai.* Inh.: Japan Oils and Fats Co. Ltd. A. 14. 2. 68, B. 8. 4. 71. Int. Kl.: C 07c.

DLP 85641. Verfahren zur Herstellung von Alkylenpolymeren. Erf.: *Cornelis Emile Petrus Valerius van den Berg, Leonard Jozef Tummers, Theodorus Pulles* u. *Jan Maria Houben.* Inh.: Stamicarbon N. V. (NL.). A. 2. 6. 70, B. 5. 11. 71. Kl.: 39b4, 3/04, Int. Kl.: C 08f 3/04. A.-Z: AP C 08f /147883. Prior.: 3. 6. 69, 14. 11. 69 (NL; A.-Z.: 6908446, 6917130). Entspr. DTO 2027302, FRP 2054561 u. GBP 1251177.

DTO 1770765. Verfahren zur Polymerisation von Olefinen. Erf.: *Volker Faltings, Klaus Doerk, Klaus Koch* u. *Richard Schaaf.* Anm.: Veba-Chemie AG, 4460 Gelsenkirchen-Buer (DT). A. 2. 7. 68, B. 18. 11. 71. Kl.: 39b4, 3/02, Int. Kl.: C 08f 3/02. A.-Z.: P 1770765. Entspr. FRP 2012189.

DTA 1645611. Verfahren und Vorrichtung zur kontinuierlichen Lösungspolymerisation. Erf.: *Volker Gröbe, Joachim Ulbricht, Hans Reichert, Heinz Fark, Edeltraud Buchmann, Ulrich Hertel, Dieter Köpcke, Walter Michaelis, Eberhard Peter, Joachim Aurich, Eberhard Roth, Alfred Bender* u. *Karl Bernhardt.* Anm.: VEB Chemiefaserkombinat Schwarza Wilhelm Pieck, 6822, Rudolstadt – Schwarza. A. 24. 7. 65, B. 3. 2. 72. Kl.: 39b4, 3/76, Int. Kl.: C 08f 3/76. A.-Z.: P 1645611.

GBP 1260381. Polymerisation von Äthylen. Inh.: Imperial Chemical Industries Ltd. A. 12. 1. 70, B. 19. 1. 72. Kl.: C3.P, Int. Kl.: C 08f 1/56, 3/04. A.-Z.: 3136/69 (verw. Anm. m. A.-Z.: 53264. A. 30. 10. 69). Entspr. DTO 2002386 u. FRP 2028728.

GBP 1266189. Verfahren zur Herstellung von Polyvinylchorid mit hohem Grad der Stereoregularität und dadurch erhaltene Polymere. Inh.: Snia Viscosa Soc. Nazionale Industria Applicazioni Viscosa S.p.A. A. 31. 7. 69, B. 8. 3. 72. Kl.: C3.P, Int. Kl.: C 08f 1/11, 1/62, 3/30. A.-Z.: 38441/69. Prior.: 6. 8. 68 (IT; A.-Z.: 19880). Entspr. DTO 1940095 u. FRP 2015158.

CSP 144372. Verfahren zur Polymerisation und/oder Copolymerisation von Vinylchlorid. Erf.: *Jean Golstein.* A. 29. 8. 67, B. 31. 8. 71. Kl.: 39c, 25/01, Int. Kl.: C 08f 3/30. A.-Z.: 6145/67. Prior.: 29. 8. 66 (BE: A.-Z.: 686088). Entspr. GBP 1124237.

DTO 1745489. Verfahren zu der Herstellung von Polymerisaten olefinisch ungesättigter Verbindungen. Erf.: *Cornelis Emile Petrus Valerius van den Berg* u. *Adrianus Cornelis Moerkamp.* Anm.: Stamicarbon N. V., Heerlen (NL). A. 5. 1. 68, B. 25. 11. 71. Kl.: 39b4, 7/04, Int. Kl.: C 08f 7/04. A.-Z.: P 1745489. Prior.: 5. 1. 67 (NL; A.-Z.: 6700205). Entspr. DLP 69930, OEP 283726 u. USP 3598795.

DLP 85844. Verfahren zur Herstellung wäßriger Dispersionen von Vinylacetat-Mischpolymerisaten. Erf. u. Inh.: *Frans Hendrik Steffers, Manfred Parthey, Erika Eifert* u. *Renate Beyer.* A. 14. 7. 70, B. 12. 11. 71. Kl.: 39b5, 15/40, Int. Kl.: C 08f 15/40. A.-Z.: WP C 08f/148781.

GBP 1267602. Verfahren zur Herstellung von Acrylnitrilpolymeren und -copolymeren. Inh. Snia Viscosa Soc. Nazionale Industria Applicazioni Viscosa S.p.A. A. 31. 7. 69, B. 22. 3. 72. Kl.: C3.P, Int. Kl.: C 08f 15/00, 15/38. A.-Z.: 38471/69. Prior.: 6. 8. 68 (IT; A.-Z.: 19879). Entspr. FRP 2015157.

CHP 521389. Verfahren zur Herstellung von Acrylnitrilpolymeren. Erf.: *Jozef Lambertus Maria van der Loos. Johannes Hubertus Ottenheym, Albert Franciscus Busschers* u. *Peter Joseph Maria Claassen Wilhelmus.* Inh.: Stamicarbon N. V., Van der Maesenstraat 2, Heerlen (NL). A. 25. 6. 69, Ent. Kl.: C 08f 15/00, 19/00. A.-Z.: 9734/69. Prior.: 25. 6. 68 (NL; A.-Z.: 6808960). Entspr. DTO 1932192, FRP 2011656, GBP 1237499 u. USP 3575943.

JAP 7121651. Acrylnitril/Methylmethacrylat-Copolymeres enthaltende Spinnlösung. Erf.: *Zenji Isumi, Hiroshi Sakai* u. *Hideji Kitagawa.* Inh.: Toray Industries, Inc. A. 10. 8. 66, B. 19. 6. 71. Int. Kl : C 08f, B 01j, D 01f.

USP 3624060. Binäres Katalysatorsystem zur Polymerisation ungesättigter alipyclischer Monomerer. Erf.: *William Allen Judy.* Inh.: The Goodyear Tire & Rubber Co., Akron, Ohio. A. 31. 1. 69, B. 30. 11. 71. Kl.: 260–88,2, Int. Kl.: C 08f 19/04. 12 Anspr. A.-Z.: 795693. Entspr. DTO 2000245 u. FRP 2029747.

DTA 1795155. Verfahren zum Mischpolymerisieren von Kohlenmonoxyd und einem Alkylenoxyd. Erf.: *George Lewis Bata; Kshatra Pati Singh* Anm.: Union Carbide Canada Ltd., Toronto, Ontario (CA). A. 17. 8. 68. B. 3. 2. 72. Kl.: 39b4, 25/00, Int. Kl.: C 08f 25/00. A.-Z.: P 1795155, Prior.: 19. 8. 67 (CA; A.-Z.: 998225).

DTO 1770580. Verfahren zur Herstellung modifizierter Polyvinylalkohole. Erf.: *Hermann Fritz* u. *Fritz Sorg.* Anm.: Farbwerke Hoechst AG vorm. Meister Lucius & Brüning, 6000 Frankfurt. A. 6. 6. 68, B. 4. 11. 71. Kl.: 39b4, 27/18, Int. Kl.: C 08f 27/18. A.-Z.: P 1770580. Entspr. FRP 2010293.

DTO 2122069. Polymere Masse. Erf.: *Guiseppe Cantatore* u. *Millo Branchesi.* Anm.: Montecatini Edison S.p.A., Mailand (IT). A. 4. 5. 71, B. 18. 11. 71. Kl.: 39b4, 29/02, Int. Kl.: C08f 29/02. A.-Z.: P 2122069. Prior.: 4. 5. 70 (IT; A.-Z.: 24148 A/70).

CSP 144190. Verfahren zur Herstellung von trockenen Vorgemischen von thermoplastischen Polymeren mit Dispersionsfarbstoffen. Erf.: *Stefan Stanev, Rudolf Veselŕ,* u. *Milan Kalenda.* A. 6. 11. 69, B. 20. 8. 71. Kl.: 39b, 22/06, Int. Kl.: C08f 47/04. A.-Z.: 7312/69.

C 08g. Polykondensations- und Polyadditionsprodukte

DTA 1570853. Verfahren zur Herstellung von Aminogruppen aufweisenden Oxymethylencopolymerisaten. Erf.: *Junnosuke Yamauchi, Tamotsu Eguchi* u. *Kanji Matsubayashi.* Anm.: Kuraray Co. Ltd., Kurashiki City (JA). A. 24. 8. 65, B. 3. 2. 72. Kl.: 39b5, 1/22, Int. Kl.: C08g 1/22. A.-Z.: P 1570853. Prior.: 24. 8. 64 (JA; A.-Z.: 47113, JAP 23469/68). Entspr. GBP 1108294 u. FRP 1445904.

DTO 1770495. Stabilisierte Polyäthylenglykolterephthalate. Erf.: *Wolfram Neumann, Herbert Pelousek* u. *Julius Peter.* Anm.: Farbenfabriken Bayer AG, 5090 Leverkusen (DT). A. 25. 5. 68, B. 11. 11. 71. Kl.: 39b5, 17/01, Int. Kl.: C 08g 17/01. A.-Z.: P 1770495. Entspr. OEP 295149, CHP 512535, FRP 2009638 u. GBP 1237975.

DTO 2019429. Verfahren zur Herstellung von Terephthalsäurepolyestern mit verbesserten Eigenschaften. Erf.: *Robert Schnegg, Herbert Pelousek* u. *Robert Dippelhofer.* Anm.: Farbenfabriken Bayer AG, 5090 Leverkusen (DT). A. 22. 4. 70, B. 11. 11. 71. Kl.: 39b5, 17/04, Int. Kl.: C 08g 17/04. A.-Z.: P 2019429.

GBP 1261153. Polymerisation von β-Lactonen. Inh.: Shell Internationale Research Maatschappij N. V. A. 9. 3. 70, B. 26. 1. 72, Kl.: C3.R, Int. Kl.: C 08g 17/017. A.-Z.: 11136/70. Prior.: 10. 3. 69 (NL; A.-Z.: 6903704). Entspr. DTO 2011063 u. FRP 2037819.

CHP 521400. Verfahren und Vorrichtung zur kontinuierlichen Herstellung von Polylactymen. Erf.: *Kaspar Ryffel* u. *Heinz Schneller.* Inh.: Inventa AG für Forschung und Patentverwertung, Zürich, Stampfenbachstraße 38, Zürich. A. 24. 1. 69. Int. Kl.: C 08g 20/10. A.-Z.: 1050/69. Entspr. DTO 2002576 u. FRP 2029072.

JAP 7120827. Spinnfähige Polyharnstoffamide. Erf.: *Noboru Fukuma, Toshio Okamoto* u. *Hiroshi Takeda.* Inh.: Asahi Chemical Industry Co. Ltd. A. 4. 7. 67, B. 11. 6. 71. Int. Kl.: C 08g.

DTO 1770591. Lineare, segmentierte Polyurethanelastomere. Erf.: *Wilhelm Thoma, Harald Oertel, Heinrich Rinke* u. *Ulrich Bahr.* Anm.: Farbenfabriken Bayer AG, 5090 Leverkusen. A. 7. 6. 68, B. 4. 11. 71. Kl.: 39b5, 22/00, Int. Kl.: C 08g 22/00. A.-Z.: P 1770591. Entspr. DLP 78886, OEP 292310, FRP 2010399 u. GBP 1247802.

OEP 299544. Verfahren zur Herstellung von vorzugsweise nicht geschäumten Polyurethanen. Erf.: *Willem Dijkhuizen, Erich Termin, Otto Bleh* u. *Dieter Morgenstern.* Inh.: Dynamit Nobel AG, Troisdorf (DT). A. 6. 5. 70, B. 15. 10. 71. Kl.: 39b, 21, Int. Kl.: C 08g 22/34. A.-Z.: 4101/70.

DTO 1770126. Perfluorierte Polyäther und Mischpolyäther und Verfahren zu deren Herstellung. Erf.: *Dario Sianesi* u. *Renzo Fontanelli.* Anm.: Montecatini Edison S.p.A., Mailand (IT). A. 3. 4. 68, B. 4. 11. 71. Kl.: 39b5, 23/00, Int. Kl.: C 08g 23/00. A.-Z.: P 1770126. Prior.: 4. 6. 67 (IT; A.-Z.: 14508 A/67). Entspr. FRP 1585601.

USP 3624008. Katalysator und Verfahren. Erf.: *Adolfas Damusis.* Inh.: BASF Wyandotte Corp., Mich. A. Wyandotte 30. 6. 69, B. 30. 11. 71. Kl.: 260-2 A, Int. Kl.: C 08g 23/14, 23/06. 9 Anspr. A.-Z.: 837883. Entspr. FRP 2 051460.

USP 3621091. Verfahren, um Polyphenylenätherfasern unlöslich zu machen. Erf.: *Jerome J. Hertz* u. *William E. Salvadore.* Inh.: General Electric Co. A. 8. 9. 69, B. 16. 11. 71. Kl.: 264–290 R, Int. Kl.: D 02j 1/22, C 08g 23/16. 6 Anspr. A.-Z.: 856218 (Zus. z. Pat. m. A.-Z.: 639295. A. 18. 5. 37). A.-Z.: 639295 entspr. DTO 1769377, FRP 1570753 u. GBP 1221811.

FRP 2088889 (B). Neue, heterocyclische Polymere auf der Basis von trisubstituiertem 1,3-Imidazolidin-1,3-diyl und ihr Herstellungsverfahren. Erf.: *Simonnot Rinuy Santarelli.* Inh.: Esso Research and Engineering Co. A. 28. 4. 70, B. 11. 2. 72. Int. Kl.: C 08g 33/00, 20/00. A.-Z.: 7015577.

FRP 2092556 (B). Verbindungen mit einem Kern aus Diketopiperazin und ihr Herstellungsverfahren. Erf.: *Vittorio Crescenzi, Antonio Ciana, Elio Russo, Vencenzo Giancotti* u. *Luciano Salvestrini.* Inh.: Snam Progetti S.plA. A. 31. 3. 71, B. 25. 2. 72. Int. Kl.: C 08f 15/00, 19/00, C 08g 33/00. A.-Z.: 7111265. Prior.: 2. 4. 70 (IT; A.-Z.: 22803 A/70). Entspr. DTO 2116262.

DTO 1769869. Hochmolekulare vernetzte Polyurethane. Erf.: *Erwin Müller* u. *Wulf von Bonin.* Anm.: Farbenfabriken Bayer AG, 5090 Leverkusen (DT.) A. 29. 7. 68, B. 11. 11. 71. Kl.: 39b5, 41/00, Int. Kl.: C 08g 41/00. A.-Z.: P 1769869. Entspr. FRP 2014768.

Sektion D. Textilien und Papier

TEXTILIEN

D 01. Natürliche und künstliche Fäden und Fasern; Spinnen

D 01b. Mechanische Behandlung von natürlichen faserigen oder fadenförmigen Stoffen zur Gewinnung von Fasern oder Fäden, z. B. zum Verspinnen

FRP 2092171 (B). Vorrichtung zum Brechen, besonders von Flachs, Werg und anderen Faserpflanzen. Inh.: *Fernand Edmond Vanhauwaert.* A. 19. 5. 70, B. 25. 2. 72. Int. Kl.: D 01b 1/00. A.-Z.: 7018107. Prior.: 10. 4. 70 (BE; A.-Z.: 87639).

USP 3619868. Verfahren und Vorrichtung, um ein Garnende in ein Spinnband zu assimilieren. Erf.: *Merton L. Dibble* Inh.: Eastman Kodak Co., Rochester, N. Y. A. 19. 1. 70, B. 16. 11. 71. Kl.: 19–65 T, Int. Kl.: D 01b 3/10. 14 Anspr. A.-Z.: 3742. Vgl. auch USP 3153027. Entspr. DTA 242367 u. GBP 947111.

D 01d. Mechanische Verfahren und Vorrichtungen für die Herstellung von künstlichen Fäden, Gespinsten, Fasern, Borsten oder Bändern

DLP 85612. Verfahren zur berührungslosen Regelung der Vorwärtsbewegung eines sich innerhalb einer Passage bewegenden, aus einem gekräuselten Faden bestehenden Fadenpaketes. Erf. u. Inh.: *Gerhard Jentsch, Günther Schulz* u. *Günter Köhler* A. 3. 9. 70, B. 5. 11. 71. Kl.: 29a, 6/20, Int. Kl.: D 01d 5/22. A.-Z.: WP D 01d/149894.

DLP 85614. Verfahren zur Herstellung eines Spinnvlieses. Erf. u. Inh.: *Wilfried Löbel.* A. 29. 6. 70, B. 5. 11. 71. Kl.: 29a, 6/31, Int. Kl.: D 01d 5/12. A.-Z.: WP D 01d/148490.

DLP 88626. Vorrichtung zum Recken von Fäden aus synthetischen linearen Hochpolymeren. Erf. u. Inh.: *Peter Kunstmann* u. *Dieter Kästner.* A. 19. 4. 71, B. 12. 3. 72. Kl.: 29a, 6/02, Int. Kl.: D 01 d 5/16. A.-Z.: WP D 01d/154495.

DTO 1660619. Verfahren zur Verbesserung der Webfähigkeit eines thermoplastischen, makromolekularen Filmstreifens. Erf.: *Ludovicus Michielsen.* Anm.: Shell Internationale Research Maatschappij N. V., Den Haag (NL). A. 9. 8. 67, B. 11. 11. 71. Kl.: 29a, 6/06, Int. Kl.: D 01d 5/00. A.-Z.: P 1660619 (S 111284). Prior.: 11. 8. 66 (NL; A.-Z.: 6611287). Entspr FRP 1533851 u. GBP 1131179.

DTO 2114483. Methode und Einrichtung zum Schneiden kontinuierlicher Faserbänder mittels fokussierten Laserstrahlen zwecks Erzeugung von Stapelfaser. Erf.: *Francesco Siclari, Franco Magnoni* u. *Giancarlo Bianucci.* Anm.: Snia Viscosa Società Nationale Industria Applicazioni Viscosa, Mailand (IT). A. 25. 3. 71, B. 11. 11. 71. Kl.: 29a, 6/05, Int. Kl.: D 01g 1/00. A.-Z.: P 2114483. Prior.: 26. 3. 70 (IT; A.-Z.: 22493 A/70).

CHP 519594. Verbundfaden und Verfahren zu seiner Herstellung. Erf. u. Inh.: *Emilian Bobkowicz* u. *Andrew John Bobkowicz,* 1435 St. Alexander Str., Room 310, Montreal 111, Quebec (CA). A. 25. 3. 70. Int. Kl.: D 01d 5/22, D 02g 3/06. A.-Z.: 4541/70. Prior.: 15. 9. 69 (CA; A.-Z.: 062054). Entspr. DTO 2042762 u. FRP 2057698.

GBP 1260836. Herstellung von Fäden, Fasern und Garnen durch Fibrillieren synthetischer organischer thermoplastischer Polymerer und die entstehenden Produkte. Inh.: Shell Internationale Research Maatschappij N. V. A. 26. 3. 69, B. 19. 1. 72. Kl.: B5. B, Int. Kl.: D 01 d 5/00. A.-Z.: 17237/68. Entspr. DTO 1917822 u. CHP 520216.

GBP 1260837. Herstellung von Fäden, Fasern und Garnen durch Fibrillieren synthetischer organischer thermoplastischer Polymerer und die entstehenden Produkte. Inh.: Shell Internationale Research Maatschappij N. V. A. 26. 3. 59, B. 19. 1. 72. Kl.: B5.B, Int. Kl.: D 01d 5/00. A.-Z.: 17522/68. Entspr. DTO 1917822, CHP 520216 u. FRP 2007423.

GBP 1267517. Herstellung von Fäden aus Filmen. Inh.: Ernest Scragg & Sons Ltd. A. 10. 10. 68, B. 22. 3. 72. Kl.: B5.B, Int. Kl.: D 01d 5/00, B 29 d 9/10, 7/04, B 32b 31/30, D 02g 1/00. A.-Z.: 47979/68. Entspr. DTO 1951163.

JAP 7040687. Thermoplastische Faserstoffe. Erf.: *Kiyoshi Takizawa, Masatoku Kakinami* u. *Tsutomu Sano.* Inh.: Toray Industries, Inc. A. 28. 8. 67, B. 21. 12. 70. Int. Kl.: D 01d, D 06m.

CSP 144133. Zulieferungsmechanismus zum Schneiden von Bündeln von unendlichen Fasern auf zuvor bestimmte Schnittlänge. Erf.: *Zdeněk Zapletal* u. *Miloslav Čech.* A. 4. 4. 69, B. 20. 8. 71. Kl.: 29a, 6/05, Int. Kl.: D 01g 1/10. A.-Z.: 2429/69. Entspr. DTO 2015973.

D 01f. Chemische Gesichtspunkte bei der Herstellung von künstlichen Fäden, Gespinsten, Fasern, Borsten oder Bändern

JAP 7041052. Feuerhemmende Faserstoffe aus Acrylnitrilcopolymeren. Erf.: *Keishi Yamauchi* u. *Tetsushi Edo.* Inh.: Toho Rayon Co. Ltd. A. 13. 11. 67, B. 23. 12. 70. Int. Kl.: D 01f 1/00, 7/00, C 08f 29/00.

FRP 2088772 (B). Verfahren zur Herstellung von gekräuselten Fasern aus Copolymeren auf Basis von Acrylnitril. Erf.: *Alain Breton* u. *Paul Herrbach.* Inh.: CTA-Compagnie Industriele de Textiles Artificiels et Synthetiques. A. 24. 4. 70, B. 11. 2. 72. Int. Kl. D 01f 1/00. 7/00, D 01d 5/00. A.-Z.: 7014955.

JAP 7036849. Polyamid-Verbundfäden. Erf.: *Seiyuki Okazaki, Akira Nishimura* u. *Akira Yonenaga.* Inh.: Toray Industries Inc. A. 14. 9. 67, B. 24. 11. 70. Int. Kl.: D 01f.

JAP 7038736. Gebauschte Polyesterverbundfäden. Erf.: *Kazuo Tomitta, Nobuo Hasekawa* u. *Tsutomu Sano.* Inh.: Toray Industries, Inc. A. 12. 7. 66, B. 7. 12. 70. Int. Kl.: D 01f d.

DTO 2014763. Von Vakuolen freie Fäden und Filme aus Acrylnitrilcopolymerisaten. Erf.: *Heino Logemann* u. *Carlhans Süling.* Anm.: Farbenfabriken Bayer AG, 5090 Leverkusen (DT). A. 26. 3. 70, B. 21. 10. 71. Kl.: 29b, 3/65, Int. Kl.: D 01f 7/02. A.-Z.: P 2014763.

GBP 1260032. Herstellung von Polyacrylnitril-Verbundfäden. Inh.: Toho Beslon Co. Ltd. A. 11. 8. 69, B. 12. 1. 72. Kl.: B5.B, Int. Kl.: D 01f 7/02, D 01f 1/18. A.-Z.: 40134/69.

GBP 1262818. Herstellung von Polyesterfasern. Inh.: Montecatini Edison S.p.A. A. 22. 9. 70, B. 9. 2. 72. Kl.: B5.B, Int. Kl.: D 01f 7/04, 7/06. A.-Z.: 45043/70. Prior.: 22. 9. 69 (IT; A.-Z.: 22332). Entspr. DTO 2046121 u. FRP 2062405.

SUP 223252 (Urheberschein). Verfahren zur Herstellung von Faserstoffen auf der Basis von fluorhaltigen Polymeren. Erf.: *A. D. Virnik, Z. A. Zazulina, Z. A. Rogovin, T. T. Daurova, A. M. Rozencveig* u. *N. D. Grafskaja.* A. 15. 3. 65, B. 7. 10. 71. Int. Kl.: D 01f 7/00. A.-Z.: 947139/23-5.

SUP 324318 (Urheberschein). Verfahren zur Herstellung von synthetischen Faserstoffen. Erf.: *Ju. D. Andričenko, G. A. Gabrieljan* u. *T. V. Družinina.* A. 6. 4. 70, B. 23. 12. 71. Int. Kl.: D 01f 7/04. A.-Z.: 1425123/23-5.

D 02. Garne, mechanische Veredelung von Garnen oder Seilen; Schären oder Bäumen

D 02g. Kräuseln oder Krimpfen (Texturieren) von Fasern, Zwirnen oder Garnen; Garne oder Zwirne

DLP 87372. Verfahren zur Erzeugung von multifilen Texturfäden aus Polyamid, Polyester oder Polypropylen. Erf. u. Inh.: *Günter Schroth, Erich Mewes, Wilfried Olzog, Gerd Gabler, Werner Stephan* u. *Dieter Rieger.* A. 20. 1. 72, B. 29. 3. 71. Kl.: 29a, 6/20, Int. Kl.: D 02g 1/20. A.-Z.: WP D 02g/153465.

DTO 1660322. Verfahren zur Herstellung elastischer gekräuselter Fäden. Erf.: *Herbert Scherzberg, Robert Schnegg* u. *Walter Kleinhammes.* Anm.: Farbenfabriken Bayer AG, 5090 Leverkusen (DT). A. 6. 6. 67, B. 21. 10. 71. Kl.: 29a, 6/20, Int. Kl.: D 02g 1/04. A.-Z.: P 1660322 (F 52610). Entspr. CHP 482843, FRP 1570785 u. USP 3503201.

DTO 1660332. Verfahren und Vorrichtung zur Kräuselung von synthetischen. Fäden. Erf.: *Herbert Scherzberg; Karl-August Essig, Robert Schnegg, Ernst Pobitschka* u. *Ernst Mossig.* Anm.: Farbenfabriken Bayer AG, 5090 Leverkusen (DT). A. 16. 11. 67, B. 28. 10. 71. Kl.: 29a, 6/20, Int. Kl.: D 02g 1/16. A.-Z.: P 1660332 (F 54045). Entspr. CHP 501746, CHP 505924, FRP 1592644 u. USP 3548469.

DTO 2014943. Kräuselhülse. Erf.: *Pekka Kuussaari.* Anm.: Fa. Spinner Osakeyhtiö, Helsinki (SF). A. 26. 3. 70, B. 7. 10. 71. Kl.: 29a, 6/20, Int. Kl.: D 02g 1/04. A.-Z.: P 2014943. Prior.: 19. 2. 70 (SF; A.-Z.: 438/70). Entspr. FRP 2083076.

DTO 2017971. Verfahren zur Herstellung eines mäßig elastischen Bauschgarns. Erf.: *Karl-August Heinroth, Herbert Neumann, Rudi Dauscher, Hans-Dieter Jurischka, Hans Bach, Adolf Schneider, Herbert Scherzberg* u. *Eckard Paul.* Anm.: Farbenfabriken Bayer AG, 5090 Leverkusen (DT). A. 15. 4. 70, B. 28. 10. 71. Kl.: 29a, 6/20, Int. Kl.: D 02g 1/00. A.-Z.: P 2017971. Entspr. FRP 2089713.

DTO 2115688. Vorrichtung zum Stauchkammerkräuseln von synthetischen Fäden. Erf.: *James Watt Ijsbrand Heijnis.* Anm.: Akzo N. V., Arnhem (NL). A. 31. 3. 71. B. 21. 10. 71. Kl.: 29a, 6/20, Int. Kl.: D 02g 1/12. A.-Z.: P 2115688. Prior.: 1. 4. 70 (NL; A.-Z.: 7004980).

CHP 519036. Verfahren zur Texturierung von Garn aus synthetischen thermoplastischen Einzelfilamenten mit nicht rundem Querschnitt und Verwendung des erhaltenen Garns zur Herstellung von bouclèartigem Effektgarn. Erf.: *Nyfeler Franz.* Inh.: Heberlein & Co. AG, Wattwil. A. 9. 2. 70, B. 15. 10. 71. E. 15. 2. 72. Int. Kl.: D 02g 1/02, 3/22. A.-Z.: 1805/70. Entspr. DTO 2101315 u. FRP 2078376.

CHP 521455. Verfahren zur Herstellung texturierter Textilgarne durch gemeinsames vorübergehendes Hochdrehen einer Anzahl Garne mit Hilfe eines und desselben Drallgebers einer Falschdrallvorrichtung. Erf. *Ulrich Glajus.* Inh.: Heberlein & Co. AG, Wattwil. A. 24. 12. 69, B. 31. 12. 71. Int. Kl.: D 02g 1/02. A.-Z.: 19212/69. Vgl. auch CHP 517845. Entspr. DTO 2063127.

FRP 2084169 (B). Verfahren und Vorrichtung zum Texturieren von Fäden sowie nach diesem Verfahren erhaltene Fäden. Erf.: *Giorgio Faraci* u. *Giuseppe Godi.* Inh.: Bemberg S.p.A. A. 4. 3. 71, B. 21. 1. 72. Int. Kl.: D 02g 1/00. A.-Z.: 7107433. Prior.: 18. 3. 70 (IT; A.-Z.: 22137 A/70).

FRP 2092227 (B). Verfahren und Vorrichtung zur Herstellung von texturierten thermoplastischen Garnen. Inh.: Società Rhodiatoce S. p.A. A. 7. 9. 70, B. 25. 2. 72. Int. Kl.: D 02g 1/00. A.-Z.: 7032478. Prior.: 18. 5. 70 (IT; A.-Z.: 68700 A/70).

GBP 1261715. Bauschgarnherstellung. Inh.: Courtaulds Ltd. A. 16. 6. 69, B. 26. 1. 72. Kl.: D1.F, Int. Kl.: D 02g 1/16, 3/24. A.-Z.: 28651/68. Entspr. DTO 1930608 u. FRP 2011068.

GBP 1263055. Herstellung von Bauschgarnen. Inh.: Imperial Chemical Industries Ltd. A. 4. 2. 69, B. 9. 2. 72. Kl.: D1.F, Int. Kl.: D 02g 1/04. A.-Z.: 7462/68. Entspr. DTO 1906766 u. FRP 2001980.

USP 3611698. Gekräuseltes und verschlungenes Garn niedriger Feinheit. Erf.: *Murray Herman Horn* u. *Thomas Larson Nelson.* Inh.: E. I. du Pont de Nemours & Co., Wilmington, Del. A. 4. 3. 70, B. 12. 10. 71. Kl.: 57–140 R, Int. Kl.: D 02g 1/16, 3/22, 3/24. 10 Anspr. A.-Z.: 12517. Entspr. DTO 2110394 u. FRP 2084128.

USP 3611520. Vorrichtung zum Texturieren von Garn. Erf.: *Alvin E. Faidley jr.,* Inh.: Fred Whitaker Co., Bala-Cynwyd, Pa. A. 30. 7. 69, B. 12. 10. 71. Kl.: 28–1,6, Int. Kl.: D 02g 1/12. 1 Anspr. A.-Z.: 846161.

USP 3619874. Kräuselvorrichtung mit beweglicher Kante und ein Verfahren Erf.: *Hsin Lang Li, Dusan C. Prevorsek* u. *Hendrikus Johan Oswald.* Inh.: Allied Chemical Corp., New York, N. Y. A. 16. 1. 70, B. 16. 11. 71. Kl.: 29-1,5, Int. Kl.: D 02g 1/10. 10 Anspr. A.-Z.: 3444. Entspr. DTO 2100016 u. FRP 2075601.

DLP 87369. Faden und aus dem Faden hergestelltes Gewebe. Erf.: *Herrmann.* Inh.: Berkenhoff und Drebes AG, Asslar (DT). A. 8. 11. 70, B. 20. 1. 72. Kl.: 29a, 6/06, Int. Kl.: D 02g 3/36. A.-Z.: AP D 02g/151793.

CHP 521459. Textilfaden und sein Herstellungsverfahren. Erf.: *Henri de Mestral, Albert Decosterd, Guy Calame* u. *George de Mestral.* Inh.: Sobico Inc., 8 Calle Aquilino de la Guardia, Apartado 850, Panama-City, Pa. (US). A. 20. 3. 70. Int. Kl.: D 02g 3/34. A.-Z.: 4237/70. Entspr. FRP 2084384.

USP 3618307. Acrylfaserstoffe und Verfahren zur Herstellung der Faserstoffe. Erf.: *Imre M. Konkoff.* Inh.: E. I. du Pont de Nemours & Co., Wilmington, Del. A. 14. 11. 68, B. 9. 11. 71. Kl.: 57–140 R, Int. Kl.: C 08f 3/76, C 10m 1/44, D 02g 3/02. 14 Anspr. A.-Z.: 775794. Entspr. GBP 1243899.

USP 3623311. Vorrichtung zur Herstellung synthetischer texturierter Garne. Erf.: *Emil J. Berger jr.,* Inh.: Turbo Machine Co., Landsdale, Pa. A. 3. 11. 69, B. 30. 11. 71. Kl.: 57–34 HS, Int. Kl.: D 01h 13/26, 13/28, D 02g 3/02. 8 Anspr. A.-Z.: 873202. Entspr. DTO 2028959 u. FRP 2071679.

D 02j. Veredeln oder Ausrüsten von Fäden, Garnen, Zwirnen, Schnüren, Seilen od. dgl.

DLP 86903. Verfahren und Vorrichtung zur Behandlung eines multifilen Fadens. Erf. u. Inh.: *Günter Schroth, Wilfried Olzog, Gerd Gabler* u. *Bernd Schubert.* A. 16. 7. 70, B. 5. 1. 72. Kl.: 29a, 6/20, Int. Kl.: D02j 1/08. A.-Z.: WP D 02j/148850.

OEP 299434 (Zus. z. Pat. 278232). Vorrichtung zum Behandeln von Filamenten mittels Gas. Inh.: Akzo N. V., Arnhem (NL). A. 19. 8. 66, B. 15. 10. 71. Kl.: 29a, 7/08, Int. Kl.: D 02j 1/08. A.-Z.: 7898/66. Prior.: 20. 8. 65 (NL; A.-Z.: 6510903). Entspr. USP 3394440.

CSP 144447. Verfahren zur Bearbeitung von Fadenbündeln mit Flüssigkeit Erf.: *Robert Sluijters.* A. 12. 6. 69, B. 31. 8. 71. Kl.: 8a, 1, 29a, 6/08, Int. Kl.: D 02j 1/08. A.-Z.: 4172/69. Prior.: 13. 6. 68 (NL; A.-Z.: 6808286). Entspr. DTO 1928041 u. USP 3600775.

PAPIER

D 21. Papierherstellung; Gewinnung von Cellulose bzw. Zellstoff

D 21c. Gewinnung von Cellulose durch Abscheiden nichtcellulosenartiger Substanzen von cellulosehaltigen Stoffen; Wiedergewinnung der Zellstoffablaugen; Vorrichtungen dafür

DTO 1692871. Verfahren zur Herstellung von Zellstoff nach dem Sulfatverfahren und dem Ammnioumsulfit- oder Ammoniumbisulfitverfahren. Erf.: *Hans Viktor Waterstradt.* Anm.: Metallgesellschaft AG, 6000 Frankfurt (DT). A. 22. 8. 67, B. 11. 11. 71. Kl.: 55b, 1/01, Int. Kl.: D 21c 3/14. A.-Z.: P 1692871 (M 75238). Entspr. USP 3598695.

POP 64276. Verfahren zur Herstellung gebleichter Zellstoffe. Inh.: Electric Reduction Co. of Canada Ltd., Toronto (CA). A. 20. 1. 66, B. 20. 10. 71. Kl.: 55b, 1/10, Int. Kl.: D 21c 3/20. A.-Z.: 112561

POP 64462. Verfahren zur Herstellung einer Neutralsulfitkochlauge. Erf.: *Tadeusz Jamróz, Zbigniew Karaś, Henryk Kowalczyk, Marian Matras,* u. *Bronisław Woźniczko.* Inh.: Ostrołeckie Zakłady Celulozowo-Papiernicze Ostrołeka (PO). A. 23. 6. 69, B. 21. 12. 71. Kl.: 55b, 1/20, Int. Kl.: D 21c 3/02. A.-Z.: 134342.

SUP 325286 (Urheberschein). Verfahren zur Herstellung von Sulfatcellulose. Erf.: *A. B. Maršak,* u. *A. I. Novikova.* Anm.: Leningradskij technologičeskij Institut celljulozno-bumažnoj Promyšlennosti. A. 18. 5. 70, B. 7. 1. 71. Int. Kl.: D 21c 3/02. A.-Z.: 1440743/23-5.

SUP 330226 (Urheberschein). Verfahren zur Herstellung von Baumwollcellulose. Erf.: *M. P. Kozlov, N. A. Chilenko, N. A. Kuznecova, Ju. L. Esipov, E. E. Egorov, B. M. Astambovskij, A. A. Karčmarčik, A. Ja. Gorenburgov,* u. *A. F. Krajnov.* A. 6. 4. 70, B. 24. 2. 72. Int. Kl.: D 21c 3/02, 3/24. A.-Z.: 1418602/29–33.

SWP 343092. Verfahren zur Herstellung von Holzzellstoff. Erf.: *H. O. Samuelson,* Inh.: Mo och Domsjö AB, Örnsköldsvik (SW). A. 22. 6. 70, B. 28. 2. 71. Int. Kl.: D 21c 3/02. A.-Z.: 8589/70.

SWP 343344. Verfahren zur kontinuierlichen Zellstoffkochung sowie zur Durchführung des Verfahrens bestimmter Kocher. Erf.: *B. S. E. Östberg.* Inh.: Kamyr AB, Karlstad (SW). A. 29. 6. 70, B. 6. 3. 72. Int. Kl.: D 21c 3/24. A.-Z.: 9004/70.

SWP 343618. Herstellung von Holzstoff. Erf.: *J. J. O'Connor.* Inh.: Kimberly-Clark Corp., Neenah, Wis. (US). A. 1. 7. 70, B. 13. 3. 72. Int. Kl.: D 21c 3/00. A.-Z.: 9137/70.

SWP 343619. Verfahren zur Herstellung von Chemiezellstoff. Erf.: *A. W. Brinkley, jr., G. S. Mabrey* u. *J. W. Gilbert.* Inh.: International Paper Co., New York, N. Y. (US). A. 23. 12. 66, B. 13. 3. 72. Int. Kl.: D 21c 3/24. A.-Z.: 17684/66.

DTO 1692862. Vorrichtung zum Verschließen der Füllöffnung eines Zellstoffkochers od. dgl. Erf.: *Simo A. Koivisto.* Anm.: Lokomo Oy, Tampere (SF). A. 24. 6. 66, B. 21. 10. 71. Kl.: 55b, 2/50, 47g1, 27/00, Int. Kl.: D 21c 7/06, F 16k 27/00. A.-Z.: P 1692862 (L 53913). Prior.: 25. 6. 65 (SF; A.-Z.: 1527/65). Entspr. SWP 329536.

GBP 1262655. Bleichen von Holzzellstoff. Inh.: Canadian Industries Ltd. A. 20. 9. 68, B. 2. 2. 72. Kl.: D1.P, Int. Kl.: D 21c 9/14. A.-Z.: 44904/68. Entspr. OEP 292442 u. FRP 2018562.

DTO 1692878. Verfahren zum Auskristallisieren von Alkali als Karbonat aus der bei der Zellstoffgewinnung anfallenden Schmelzlösung. Erf.: *Keijo Raimo Tapio Kiminki* u. *Lauri Kalevi Keskinen.* Anm.: Oy Tympella AB, Heinola (SF). A. 15. 5. 67, B. 28. 10. 71. Kl.: 55b, 3/01, Int. Kl.: D 21c 11/00. A.-Z.: P 1692878 (O 12496). Prior.: 25. 5. 66 (SF; A.-Z.: 1370/66). Entspr. SWP 318471.

Sektion G: Physik

G 01. Messen; Prüfen

G 01n. Untersuchen der chemischen oder physikalischen Eigenschaften von Stoffen

DLP 87184. Druckstandgerät für konstante oder variable Flächenpressung. Erf. u. Inh.: *Gerhard Vogel* u. *Heinz Müfle.* A. 2. 12. 70, B. 12. 1. 72. Kl.: 42k, 51, Int. Kl.: G 01n 33/44. A.-Z.: WP 42k/151672.

DTO 1798319. Vorrichtung zur Messung von Textilgarn-Dickenfehlern und deren Klassierung nach Garndicke und Fehlerlänge. Erf.: *Joseph Grignet.* Anm.: Centre Scientifique et Technique de l'Industrie Textile, Belge, Brüssel. A. 25. 9. 68, B. 4. 11. 71. Kl.: 42k, 50, Int. Kl.: G 01n. A.-Z. P 1798319. Prior.: 26. 9. 67, 13. 11. 67 (BE; A.-Z.: 600, 616).

DTO 1798349. Verfahren, Vorrichtung und Einrichtung zum Auffinden und Klassieren von Fehlern in einem Band oder einem Zug von Textilfasern. Erf.: *Joseph Grignet.* Anm.: Centre Scientifique et Technique de l'Industrie Textile Belge, Brüssel. A. 28. 9. 68, B. 4. 11. 71. Kl.: 42k, 50, Int. Kl.: G 01n. A.-Z.: P 1798349. Prior.: 28. 9. 67 (BE; A.-Z.: 704412).

GBP 1261756. Zugfestigkeitsprüfmaschine für Faserstoffe. Inh.: National Research Development Corp. A. 14. 4. 70, B. 26. 1. 72. Kl.: G1.N, Int. Kl.: G 01n 3/14. A.-Z.: 16478/69.

POP 63075. Anlage zur Messung der Dehnung elastischer und fester textiler Erzeugnisse, besonders von Garn. Erf.: *Maria Miklasińska.* Inh.: Chodakowskie Zaklady Włókien Sztucznych, Chodaków (PO). A. 9. 1. 69, B. 30. 6. 71. Kl.: 42k, 50. A.-Z.: 131117.

POP 63914. Gerät zur Bestimmung der Aufwicklungsdichte von Fäden auf Spulen. Erf.: *Artur Rózycki,* u. *Mirosław Marionkowksi.* Inh.: Instytut Włókiennictwa, Łódź (PO). A. 25. 11. 69, B. 31. 8. 71. Kl.: 42k, 50. A.-Z.: 137096.

USP 3620071. Prüfen von Materialien auf Steifheit und Elastizität. Erf.: *Louis E. Kelley, Raymond B. Alexander* u. *Edward M. Sioma.* Inh.: Rohm and Haas Co., Philadelphia, Pa. A. 5. 6. 70, B. 16. 11. 71. Kl.: 73–99, Int. Kl.: G 01n 3/26. 5 Anspr. A.-Z.: 43874.

SUP 325543 (Urheberschein). Verfahren zur Messung der Konzentration und der relativen Molekülmasse Erf.: *V. P. Kremlevskij, A. S. Livšicyn, A. A. Stepričev* u. *L. A. Azevič.* A. 28. 9. 70, B. 7. 1. 72. Int. Kl.: G 01n 11/16. A.-Z.: 1477984/26–25.

CSP 144165. Vorrichtung zum Messen des Reifegrades von Baumwolle. Erf.: *Pavol Žuffa, Jozef Kováč, Emil Balogh,* u. *Michal Vitko.* A. 15. 7. 69, B. 20. 8. 71. Kl.: 42k, 50, Int. Kl.: G 01n 33/36, 21/44. A.-Z.: 4983/69.

CSP 144194. Vorrichtung zum Prüfen der Knitterfestigkeit von flächigen Textilgebilden. Erf.: *Jan Fleissig.* A. 24. 11. 69, B. 20. 8. 71. Kl.: 42k, 50, Int. Kl.: G 01n 33/36. A.-Z.: 7704/69.

Literaturschau

Auszug aus Lieferung 19 und 20/1972 der Literaturschau „Faserstoffe und Textiltechnik"[1]), zusammengestellt von der Abteilung Information und Dokumentation des Instituts für Polymerenchemie der AdW der DDR, 153 Teltow-Seehof, Kantstr. 55

I. Wissenschaftliche Grundlagen

Allgemeines

Zahir, Sh. A., Greussing, A.: Ein vielseitiges Digitalrechenprogramm für Analyse von Gelchromatogrammen. Angew. makromol. Chemie, Basel **24** (1972) S. 121–135. (engl.). (IPOC).

Jinescu, V. V.: Zum Druckbegriff bei nicht-Newtonschen Flüssigkeiten. Rev. Chimie, Bucureşti **23** (1972) 7, S. 423–429.

Sheffer, H., Sumner, P.: Membranselektivität für ein wäßriges System bei der dynamischen Osmometrie. J. Polymer Sci., A-2: Polymer Physics **10** (1972) 4, S. 741–745.

Hutton, J. F.: Einfluß der Änderungen der Oberflächenspannung und des Kontaktwinkels auf Normal-Kräftemessungen mit dem Weissenberg-Rheogoniometer. Rheologica Acta, Darmstadt **11** (1972) 1, S. 70–72. (engl.).

Paul, D. R.: Rolle des Membrandruckes bei der umgekehrten Osmose. J. appl. Polymer Sci. **16** (1972) 3, S. 771–782.

Peterlin, A., Yasuda, H., Olf, H. G.: Fließen von Wasser durch hochgequollene Membranen. J. appl. Polymer Sci. **16** (1972) 4, S. 865–870. (IPOC).

von Ammon, R., Fischer, R., D.: Verschiebungsreagentien in der NMR-Spektroskopie. Angew. Chemie **84** (1972) 16, S. 737–755.

Kryštufek, J.: Hydrophobe Bindung – ein neuer Typ der gegenseitigen Beeinflussung in Proteinen und ihre Bedeutung für die Textilchemie. Textil, Praha **27** (1972) 8, S. 265–267.

Physik und Chemie der Hochpolymeren

Kamide, K., Sugamiya, K.: Computersimulation der sukzessiven Lösungsfraktionierung von Makromolekülen. Makromol. Chemie **156** (1972) S. 259 bis 285. (engl.).

Michajlova, M. P., Kudrjavcev, G. I., Michajlov, P. V.: Untersuchung der Viskositätseigenschaften wäßriger Lösungen eines verseiften Copolymeren des Acrylnitrils mit Methylacrylat und Na-Itaconat. Chim. Volokna (Chem. Fasern) (1972) 4, S. 15–17.

Bohdanecký, M., Petrus, V.: Bestimmung des Koeffizienten des ersten Gliedes in der Reihenentwicklung der Abhängigkeit der Viskositätszahl vom Parameter des ausgeschlossenen Volumens. European Polymer J. **8** (1972) 7, S. 893–900.

Lederer, K., Schurz J.: Rheologische Untersuchungen an Polymethylmethacrylat-Lösungen und ihre Interpretation nach dem Modell der Netzwerk-Lösung. Makromol. Chemie **158** (1972) S. 97–112.

Wolf, B. A.: Wechselseitige Abhängigkeit des Enthalpie- und Entropiebeitrages zum zweiten osmotischen Virialkoeffizienten. J. Polymer Sci., A-2: Polymer Physics **10** (1972) 5, S. 847–856.

Machin, D., Rogers, C. E.: Theorien des freien Volumens für die Diffusion in Polymeren. Makromol. Chemie **155** (1972) S. 269–281. (engl.).

Rauch, B.: Ein iteratives numerisches Verfahren zur Auswertung von Elutionsanalysen an eng verteilten Polymeren. Makromol. Chemie **158** (1972) S. 165–175.

Barrales-Rienda, J. M., Fatou, J. M. G.: Einfluß der relativen Molekülmasse auf die Kristallisationsgeschwindigkeit von Polyäthylenfraktionen bei einer starken Unterkühlung. Polymer, London **13** (1972) 8, S. 407–411.

Morgan, D. T. G., Pike, E. W.: Einfluß der relativen Molekülmasse auf die Verminderung der Reibung durch Polymere. Rheologica Acta, Darmstadt **11** (1972) 2, S. 179–184. (engl.).

Chen, H. R., Blanchard, L. P.: Verteilung der relativen Molekülmassen in einem Vinylchlorid-Vinylacetatcopolymeren. J. appl. Polymer Sci. **16** (1972) 3, S. 603–613.

Hampe, H., Philipp, B., Baudisch, J.: Vergleichende Untersuchungen zum Quell- und Löseverlauf von Cellulosefasern in verschiedenen Medien. Teil I. Übersicht über die experimentellen Ergebnisse. Faserforsch. u. Textiltechnik **23** (1972) 10, S. 425–434.

Leal, L. G., Hinch, E. J.: Ein Beitrag zur Strömungsdoppelbrechung bei einer verdünnten Suspension von starren Sphäroiden mit schwacher Brownscher Bewegung. Rheologica Acta, Darmstadt **11** (1972) 2, S. 190 bis 198. [engl.).

Cvetkov, N. V., Andreeva, L. N., Korneva, E. V., Lavrenko, P. N.: Optische Anisotropie und Biegsamkeit der Seitengruppen von kammförmigen Molekülen (Polyalkylacrylate). Dokl. Akad. Nauk SSSR (Ber. Akad. Wiss. UdSSR) **205** (1972) 4, S. 895–897.

Bouriot, P., Parisot, A.: IR-spektroskopische Untersuchung des Einflusses des Reckens auf die Struktur von handelsüblichen Polyamidfaserstoffen. Bull. sci. Inst. Textile France **1** (1972) 2, S. 141–150.

Zotikov, È. G., Kalabin, V. N., Maksimov, V. L.: KMR-Sepktren des Wasserstoffs und Fluors im Polytrifluoräthylen. Vysokomol. Soed. (Hochmol. Verbind.) Serie B: Kratkie Soobšč. (Kurzmitt.). **14** (1972) 8, S. 576–579.

Ljast, I. C., Minsker, K. S.: Elektronenstruktur einiger Polymerer der Olefinreihe. Vysokomol. Soed. (Hochmol. Verbind.) Serie B: Kratkie Soobšč. (Kurzmitt.) **14** (1972) 8, S. 587–589.

Kuchot, O. L., Dudarev, V. Ja., Synzynys, B. I.: Das *Grüneisen*sche Gesetz für Polyäthylen. Vysokomol. Soed. (Hochmol. Verbind.) Serie B: Kratkie Soobšč. (Kurzmitt.) **14** (1972) 8, S. 572–576.

[1]) Die Literaturschau „Faserstoffe und Textiltechnik" ist zu beziehen vom Institut für Polymerenchemie der AdW der DDR, 153 Teltow-Seehof, Kantstr. 55. Sie wird gemeinsam bearbeitet mit den Dokumentationsstellen im Forschungsinstitut für Textiltechnologie, 906 Karl-Marx-Stadt, Annaberger Str. 240, und im VEB Chemiefaserkombinat Schwarza „Wilhelm Pieck", 6822 Rudolstadt–Schwarza.

Brämer, R., Kilian, H. G.: Das Babinet-Theorem im Streuexperiment. Kolloid-Z. u. Z. Polymere **250** (1972) 5, S. 410–413.

Sibiński, H.: Vergleich einiger statistischer Parameter der wahrscheinlichsten und der Tung-Verteilung in bezug auf die Polymolekularität. Makromol. Chemie **158** (1972) S. 241–260. (engl.).

Vogel, W.: Zur Bestimmung der parakristallinen Gitterzelle sowie der a-priori Abstandstatistik in linearem Polyäthylen aus den Röntgenweitwinkelreflexen. Kolloid-Z. u. Z. Polymere **250** (1972) 5, S. 499–502.

Harris, J.: Eine Kontinuumstheorie der Strukturänderung. Rheologica Acta, Darmstadt **11** (1972) 2, S. 145–151. (engl.).

Zilliox, J.-G.: Morphologische Untersuchung von sternförmigen Polymeren in verdünnter Lösung. Makromol. Chemie **156** (1972) S. 121–141. (franz.).

Samuels, R. J., Yee, R. Y.: Charakterisierung der Struktur und Organisation von Kristallen der β-Form in Sphärolithen der Typen III und IV bei isotaktischem Polypropylen. J. Polymer Sci., A-2: Polymer Physics **10** (1972) 3, S. 385–432.

Atkins, E. D. T., Keller, A. Sadler, D. M.: Strukturanalyse von lamellaren Polyamid-Kettenfaltungskristallen durch Röntgenbeugung. J. Polymer Sci., A-2: Polymer Physics **10** (1972) 5, S. 863–875.

Aklan, G., Szabó, K.: Beziehungen zwischen Struktur und Färbeverhalten von modifizierten Polypropylenfasern. Kolor. Ertesitö, Budapest (Kolor. Rdsch.) **14** (1972) 5/6, S. 146–151.

Nikonovič, G. V., Burchanova, N. D., Usmanov, Ch. U.: Untersuchung der übermolekularen Struktur von Polynosefasern. Cellulose Chem. Technology, Jassy/Rum. **6** (1972) 2, S. 159–195. (russ.).

Janáček, J.: Struktur und mechanisches Verhalten von Polymeren. Chem. Listy, Praha (Chem. Bl.) **66** (1972) 8, S. 800–824.

Carr, St. H.: Epitaxiale Kristallisation von Polyäthylen. Temperaturabhängigkeit der Überwachungsdicke. J. Polymer Sci., A-2: Polymer Physics **10** (1972) 4, S. 755–760.

Litovčenko, G. D., Mil'kova, L. P., Opric, Z. G., Kudrjavcev, G. I., Michajlov, N. V.: Über die Strukturumwandlungen von Polypyromellithimidfäden während der Cyclisierung und des Heißreckens. Chim. Volokna (Chem. Fasern) (1972) 4, S. 3–5.

Glenz, W., Renwanz, B., Wilke, W.: Kristallitgröße und Kristallitgrößenverteilung bei Copolymeren des Äthylens. Kolloid-Z. u. Z. Polymere **250** (1972) 5, S. 453–458.

Schönfeld, A., Wilke, W.: Bestimmung der Kristallitgröße und der Gitterverzerrungen und deren Veränderung durch oxydativen Abbau bei Polyäthylen mit gestreckten Ketten. Kolloid-Z. u. Z. Polymere **250** (1972) 5, S. 496–498. (engl.).

Davies, G. R., Ward, I. M.: Anisotropie der mechanischen und dielektrischen Relaxation bei orientiertem Polyäthylenterephthalat. J. Polymer Sci., A-2: Polymer Physics **10** (1972) 6, S. 1153–1165.

Morgan, D. T. G., Pannell, K.: Messungen der Normalspannung an reibungsvermindernden Polymerlösungen. Rheologica Acta, Darmstadt **11** (1972) 2, S. 185–189. (engl.).

Pis'men, L. M.: Thermodynamische Eigenschaften verdünnter Polymerlösungen nahe des kritischen Punktes des Lösungsmittels. Dokl. Akad. Nauk SSSR (Ber. Akad. Wiss. UdSSR) **205** (1972) 1, S. 126–129.

Delben, F., Crescenzi, V., Quadrifoglio, F.: Über die Enthalpie der Dissoziation von Polymethacrylsäure in wäßriger Lösung. European Polymer J. **8** (1972) 7, S. 933–935.

Southern, J. H., Porter, R. S., Bair, H. E.: Schmelzverhalten des in einem Druckkapillarviskosimeter kristallisierten Polyäthylens. J. Polymer Sci., A-2: Polymer Physics **10** (1972) 6, S. 1135–1143.

Temčin, Ju. I., Burmistrov, E. F., Djadčenko, A. I., Medvedev, A. I., Egidis, F. M.: Über die Rolle der Verträglichkeit des Antioxydans mit dem Polymeren bei der Inhibierung von Thermooxydationsvorgängen. Vysokomol. Soed. (Hochmol. Verbind.) Serie A **14** (1972) 8, S. 1689 bis 1694.

Higgs, D. A., Manley, T. R.: Thermoanalytische Bestimmung der Aktivierungsenergie des Zerfalls von Azoisobutyronitril. J. appl. Polymer Sci. **16** (1972) 4, S. 1039–1046.

Petropavlovskij, G. A., Michajlov, G. M.: Zur Thermographie von Cellulose. Cellulose Chem. Technology Jassy/Rum. **6** (1972) 2, S. 213–221. (russ.).

Kaloforov, N. Ja.: Einige Besonderheiten der Umsetzung von Polyvinylacetat mit Polypropylen unter den Bedingungen des thermischen Abbaues. Vysokomol. Soed. (Hochmol. Verbind.) Serie A **14** (1972) 8, S. 1752–1760.

Kirtovskaja, G. I., Kajmin', I. F.: Karlivan, V. P., Brinkus, N. V.: Dilatometrische und thermomechanische Eigenschaften von modifiziertem Polyäthylen. Vysokomol. Soed. (Hochmol. Verbind.) Serie A **14** (1972) 8, S. 1843–1846.

Grassie, N., McGuchan, R.: Pyrolyse von Polyacrylnitril und verwandten Polymeren. VII. Copolymere des Acrylnitrils mit Monomeren vom Acrylat-, Methacrylat- und Styroltyp. European Polymer J. **8** (1972) 7, S. 865–878.

McGhie, A. R., McGibbon, G., Sharples, A., Stanley, E. J.: Thermisch angeregte Leitfähigkeit von Polyvinylfluorid. Polymer, London **13** (1972) 8, S. 371–378.

Timmermann, D., De Winter, W.: Neue elektrisch leitende Polymere für Elektrographie. Nuova Chimica, Milano **48** (1972) 5, S. 51–54.

Roginskij, V. A., Dobivj, E. V., Eršov, Ju. A.: Einfluß von Reaktivfarbstoffen auf die Bildung von Radikalen im Polycaproamid unter Einwirkung von UV-Strahlung. Dokl. Akad. Nauk SSSR (Ber. Akad. Wiss. UdSSR) **205** (1972) 1, S. 130–133.

Petropavlovskij, G. A., Krunčak, M. M., Vasil'eva, G. G.: Zur Löslichkeit von hochsubstituierten Methyl- und Äthylcellulosen in Wasser. Cellulose Chem. Technology, Jassy/Rum. **6** (1972) 2, S. 135–144. (russ.).

Peters, M., Valk, G.: Notiz zur direkten Veresterung von Polyacrylnitril und zur Konfigurationsstabilität des Polymeren während der Umsetzung. Angew. makromol. Chemie, Basel **24** (1972) S. 223–225.
Gilbert, M., Hybart, F. J.: Einfluß der chemischen Struktur auf Kristallisationsgeschwindigkeit und Schmelzen von Polymeren: Teil 1. Aromatische Polyester. Polymer, London **13** (1972) 7, S. 327–332.
Ogasawara, K., Nakamura, N., Matuzawa, Sh.: Die heterogene Formalisierung von Polyvinylalkohol in Begleitung der Vernetzungsreaktionen. I. Angew. makromol. Chemie, Basel **24** (1972) S. 89–99. (engl.).
Chalil', I., Gal'brajch, L., Rogovin, Z.: Herstellung von löslichen, partiell substituierten Celluloseacetaten durch direkte Veresterung. Chim. Volokna (Chem. Fasern) (1972) 4, S. 71.
Prechner, R., Panaris, R., Benoit, H.: Anwendung der Gelchromatographie zur Untersuchung von verzweigten Polyäthylenen. Makromol. Chemie **156** (1972) S. 39–54. (franz.).
Denning, J. A., Marshall, J. A.: Gaschromatographische Identifizierung von Antioxydantien in Polyäthylen. Analyst **97** (1972) 1158, S. 710–712.
Mark, H.: Kohäsion- und Adhäsionsvermögen einiger Hochpolymerer. Teil I u. Teil II. Nuova Chimica, Milano **48** (1972) 3, S. 31–37; 4, S. 47 bis 53.
Topčieva, I. N., Solov'eva, A. B., Kurganov, B. I., Kabanov, V. A.: Katalytische Adsorptionssysteme Polymeres-niedermolekularer Katalysator. Vysokomol. Soed. (Hochmol. Verbind.) Serie A 14 (1972) 8, S. 1809–1815.
Osawa, Z., Ishizuka, T., Ogiwara, Y., Suzuki, H., Ishikawa, H.: Katalytische Wirkung von Metallsalzen bei der Autoxydation und Polymerisation. VI. Inhibierende Wirkung von N,N-diäthyldiselencarbamaten der Übergangsmetalle auf den thermooxydativen Abbau von isotaktischem Polypropylen. J. appl. Polymer Sci. **16** (1972) 4, S. 955–963.

Physik und Chemie der Monomeren und Oligomeren

Pastýr, J., Kuniak, L.: Cyanäthylierung von Cellulosematerialien. Cellulose Chem. Technology, Jassy/Rum. **6** (1972) 2, S. 197–202. (engl.).
Lakhanisky, Th., Naveau, H.: Neue Benzylderivate der Glucose. Cellulose Chem. Technology, Jassy/Rum. **6** (1972) 2, S. 127–134. (engl.).
Lipatova, T. Ė., Nizel'skij, Ju. N.: Über den Mechanismus der katalytischen Wirkung von Kupfer-Chelaten bei der Bildung von Urethanen. Z. fizič. Chimii (Z. physik. Chemie) **46** (1972) 9, S. 2294–2297.
Klark, L. N., Smirnov, N. I.: Ausnutzung von Abgasen aus der Produktion von Vinylchlorid. Chim. Prom. (Chem. Ind.) (1972) 7, S. 65(545)–66(546).
Morozov, A. I., Sytilin, M. S., Makolkin, I. A.: Untersuchung der Umsetzungskinetik von Acrylnitril mit Na-Sulfit bei einem konstanten pH-Wert und in einem nicht als Puffer wirkenden Medium. Z. fizič. Chimii (Z. physik. Chemie) **46** (1972) 9, S. 2271–2273.

Polymerisation

Burfield, D. R., McKenzie, I. D., Tait, P. J. T.: Ziegler/Natta-Katalyse: 1. Ein allgemeines kinetisches Schema. Polymer, London **13** (1972) 7, S. 302–306.
Johnson, B. L., Elias, H.-G.: Stereokontrolle. VII. Die Beziehung zwischen momentanen und endgültigen Diaden- und Triadenanteilen in Einweg-Polymerisationsmechanismen. Makromol. Chemie **155** (1972) S. 121–126. (engl.).
Szafko, J., Turska, E.: Über die Radialpolymerisation einiger Monomerer in Dimethylformamid. Makromol. Chemie **156** (1972) S. 297–310.
Fildes, F. J. T., Tobolsky, A. V.: Bildung von Blockcopolymeren aus Polyurethanen mit reaktionsfähigen Disulfidgruppen. J. Polymer Sci., A-1: Polymer Chem. **10** (1972) 1, S. 151–161.
Smirnova, O. V., Fortunatov, O. G.: Kolesnikov, G. S.: Synthese durch Interphasen-Polykondensation und Untersuchung von Polycarbonaten auf der Basis von Di-(4-hydroxy-3-methylphenyl)-methylphenylmethan. Vysokomol. Soed. (Hochmol. Verbind.) Serie B: Kratkie Soobšč. (Kurzmitt.) **14** (1972) 7, S. 514–518.
Reinisch, G., Gohlke, U.: Vergleichende Untersuchungen über Verlauf und Mechanismus phosphorsäurekatalysierter Caprolactampolymerisationen. Teil 1. Faserforsch. u. Textiltechnik **23** (1972) 10, S. 415–420. 13. Mitt. über Probleme der Polyamidchemie.
Gohlke, U., Reinisch, G.: Vergleichende Untersuchungen über Verlauf und Mechanismus phosphorsäurekatalysierter Caprolactampolymerisationen. Teil 2. Faserforsch. u. Textiltechnik **23** (1972) 10, S. 421–424. 14. Mitt. über Probleme der Polyamidchemie.
Nagasubramanian, K., Reimschuessel, H. K.: Caprolactampolymerisation. Polymerisation in Fließsystemen mit Rückvermischung. J. appl. Polymer Sci. **16** (1972) 4, S. 929–934.
Serafini, T. T., Delvigs, P., Lightsey, G. R.: Thermisch beständige Polyimide aus Lösungen von reaktionsfähigen Monomeren. J. appl. Polymer Sci. **16** (1972) 4, S. 905–915.
Maglio, G., Marchetta, C., Palumbi, R., Riva, F., De Simone, M.: Vorläufige Charakterisierung von einigen Polyamiden aus ungesättigten Säuren. Makromol. Chemie **156** (1972) S. 321–324. (engl.).
Yamaguchi, K., Sonoda, O., Minoura, Y.: Anionische Polymerisation von Vinylmonomeren mit Xanthaten. J. Polymer Sci., A-1: Polymer Chem. **10** (1972) 1, S. 63–67.
Kämmerer, H., Mück, K.-F., Janz, B.: Zur verzögernden Wirkung aromatischer Aldehyde auf die radikalische Polymerisation von Vinylverbindungen. Makromol. Chemie **155** (1972) S. 91–110.
Cernia, E.: Copolymere des Äthylens mit Acrylsäure. Nuova Chimica, Milano **48** (1972) 4, S. 31–36.
Nakaniwa, M., Kameoka, I., Ozaki, K., Kawabata, N., Furukawa, J.: Diäthylzink-Nitromethan-System als Katalysator zur Polymerisation von Olefinoxiden. Makromol. Chemie **155** (1972) S. 185–196. (engl.).
Inoue, Sh., Kobayashi, M., Koinuma, H., Tsuruta, T.: Reaktivitäten einiger Organozink-Initiatoren für die Copolymerisation von Kohlendioxid und Propylenoxid. Makromol. Chemie **155** (1972) S. 61–73. (engl.).
Manson, J. A., Iobst, St. A., Acosta, R.: Herstellung von Polyvinylchlorid bei niedriger Temperatur nach einem photochemischen Verfahren. J. Polymer Sci., A-1: Polymer Chem. **10** (1972) 1, S. 179–186.
Pogosjan, G. M., Žamkočjan, G. A., Synthese von Polykondensationspolymeren auf der Basis von 1,1-Di-(p-hydroxyphenyl)-1-(p-vinylphenyl)-äthan. Vysokomol. Soed. (Hochmol. Verbind.) Serie B: Kratkie Soobšč. (Kurzmitt.) **14** (1972) 7, S. 537–540.
Matsuo, K., Machida, S.: Reaktionsfähigkeit von cis- und trans-3-substituierten Acrylsäuren bei der Copolymerisation mit Acrylamid. J. Polymer Sci., A-1: Polymer Chem. **10** (1972) 1, S. 187–194.
Kubota, H., Ogiwara, Y.: Photoinduzierte Pfropfcopolymerisation von Methylmethacrylat auf Polyvinylalkohol. J. appl. Polymer Sci. **16** (1972) 4, S. 965–974.
Mirkamilov, I. M., Azizov, U., Sadykov, M. U., Usmanov, Ch. U.: Strahlungsinitiierte Pfropfcopolymerisation von Methylmethacrylat mit Cellulose aus der Dampfphase. Vysokomol. Soed. (Hochmol. Verbind.) Serie A **14** (1972) 8, S. 1704–1708.
Bössler, H. H., Schulz, R. C.: Versuche zur Darstellung von Azo-Polymeren durch photochemische Polykondensation. Makromol. Chemie **158** (1972) S. 113–121.
Krasnosel'skaja, I. G., Erusalimskij, B. L.: Einfluß von Dimethylformamid auf die Polymerisation im System Acrylnitril/Tributyldimagnesiumjodid/Toluol. Vysokomol. Soed. (Hochmol. Verbind.) Serie B: Kratkie Soobšč. (Kurzmitt.) **14** (1972) 7, S. 550–553.
Szafko, J., Turska, E.: Über die Copolymerisation des Acrylnitrils mit Methylestern von α-substituierten Acrylsäuren. Makromol. Chemie **156** (1972) S. 311–320.
Beder, N. M., Ovsjannikova, S. A.: Einfluß von Schwermetallionen auf die Morphologie der Polyacrylnitril-Fällung. Chim. Volokna (Chem Fasern) (1972) 4, S. 13–14.
Guthrie, J. T., Huglin, M. B., Phillips, G. O.: Strahlungsinduzierte Pfropfcopolymerisation von Styrol auf Cellulose. J. appl. Polymer Sci. **16** (1972) 4, S. 1017–1037.
Fischer, J. P.: Kinetik der radikalischen Copolymerisation α-substituierter Styrole mit Styrol. 1. Teil. Copolymerisation von α-Methylstyrol mit Styrol oberhalb der Ceiling-Temperatur von α-Methylstyrol. 2. Teil. Copolymerisation von Styrol mit 1.1-Diphenyläthylen. Makromol. Chemie **155** (1972) S. 211–225; 227–238.
Hui, A. W., Hamielec, A. E.: Thermische Polymerisation von Styrol bei hohen Umsatzgraden und Temperaturen. Eine experimentelle Untersuchung. J. appl. Polymer Sci. **16** (1972) 3, S. 749–769.
Savinova, I. V., Zubov, V. P., Kabanov, V. A.: Radikalische Polymerisation von 2-Vinylpyridin in Gegenwart von gesättigten Monocarbonsäuren. Vysokomol. Soed. (Hochmol. Verbind.) Serie A **14** (1972) 8, S. 1847–1854.
Chardin, A. P., Derbišer, V. E.: Einstufensynthese von Gerüst-Poly-1,3,4-oxadiazolen. Vysokomol. Soed. (Hochmol. Verbind.) Serie B: Kratkie Soobšč. (Kurzmitt.) **14** (1972) 8, S. 565.
Koršak, V. V., Komarova, L. G., Bekasova, N. I.: Synthese und Untersuchung von Polyamiden auf der Basis von p-Carborandicarbonsäure. Vysokomol. Soed. (Hochmol. Verbind.) Serie A **14** (1972) 8, S. 1761–1765.

II. Faserstoffe. Ausgangsstoffe usw.

Naturfaserstoffe

Pflanzliche Faserstoffe

Lazareva, S. E., Dukovskaja, I. I.: Die Hauptrichtungen in der Entwicklung des Sortiments und in der Verbesserung der Gewebequalität in der Leinenindustrie. Tekstil. Prom., Moskva (Textil-Ind.) **32** (1972) 7, S. 26–28.

Tierische Faserstoffe

Dubinin, A. N., Tendrjakova, A. S., Šurchoveckaja, A. S., Valueva, G. A.: Über den rationellen Einsatz des Rohstoffes Wolle. Tekstil. Prom., Moskva (Textil-Ind.) **32** (1972) 5, S. 25–26.
Weclawowicz, M.: Einfluß des pH-Wertes des Wasserextrakts von gewaschener Wolle auf ihre weitere Verarbeitung. Technik włókienn. (Textiltechn.) **21** (1972) 7, S. 211–213.

Chemiefaserstoffe

Lewandowski, S.: Chemiefasern in der Welt. Technik włókienn. (Textiltechn.) **21** (1972) 4, S. 118, 127.

Cellulose und Zellstoff

Scott, R. W., Green, J.: Schnellanalyse der Gesamtkohlenhydrate in Holz oder Zellstoff. Dehydratisierung zu Furanen in konzentrierter Schwefelsäure. Tappi, New York **55** (1972) 7, S. 1061–1063.
Gromov, V. S., Trejmanis, A. P., Katkevič, Ju. Ju.: Sorption von Xylan aus Ablaugen des Natronaufschlusses durch die Cellulose. Cellulose Chem. Technology Jassy/Rum. **6** (1972) 2, S. 239–248. (russ.).

Regeneratfaserstoffe

Serkov, A. T., Egorova, R. V., Kručinin, N. P.: Fließen von Viskosen durch Kapillaren. Chim. Volokna (Chem. Fasern) (1972) 4, S. 31–34.
Agafanova, L. L., Pakšver, A. B., Serebrjakova, Z. G.: Zum Einfluß von Tensiden auf den Reibungskoeffizienten von Viskoseseide. Chim. Volokna (Chem. Fasern) (1972) 4, S. 34–36.
Klimanova, V. I., Churgina, R. A., Serebrjakova, Z. G., Rozenblujm, N. I., Krukovskaja, O. A.: Einfluß von Tensiden auf die Stabilität wäßriger Suspensionen von Titandioxid. Chim. Volokna (Chem. Fasern) (1972) 4, S. 69–70.
Majboroda, L. F., Papkov, S. P., Majboroda, V. I., Zav'jalova, N. N., Dmitrieva, Z. V.: Zur Verbesserung der elastischen Eigenschaften von Acetatfaserstoffen. Chim. Volokna (Chem. Fasern) (1972) 4, S. 44–46.

Synthetische Faserstoffe

Rende, A.: Eine neue Betrachtungsweise von Koagulationserscheinungen bei Naßerspinnen. J. appl. Polymer Sci. **16** (1972) 3, S. 585–594.
Mežirov, M. S.: Bestimmung der Gelierungsdauer beim Naßerspinnverfahren. Chim. Volokna (Chem. Fasern) (1972) 4, S. 17–19.
Großer Aufschwung für Polyester durch Maschenwaren. Chem. engng. News **50** (1972) 27, S. 9.
Rabkin, R. L.: Zur Frage des Erhitzens von Kapronfäden während des Orientierungsreckens. Chim. Volokna (Chem. Fasern)(1972) 4, S. 23–25.
Pikler, A., Legéň, J.: Die Anwendung von Polyalkyläthern zur Modifizierung von Polyamidfaserstoffen. Chem. Vlákna, Svit (Chem. Fasern) **22** (1972) 4, S. 70–74.
Hartig, S., Peters, W., Berger, W.: Polyvinylalkohol enthaltende Polyacrylnitrilfaserstoffe. Faserforsch. u. Textiltechnik **23** (1972) 10, S. 447–448.

Künstliche mineralische Faserstoffe

Lewis, H. F.: Neuere Entwicklungen der Metallfaseranwendungen. Texstile Inst. Ind. **10** (1972) 7, S. 199–203.
Kermel, ein wärmebeständiger und nichtentflammbarer Faserstoff. Textilis, Gent **28** (1972) 7/8, S. 38 (franz.).

III. Fäden-Herstellungstechnologien

Spinnerei. Zwirnerei

Kruglova, A. M.: Zweckmäßigkeit der wissenschaftlichen Arbeitsorganisation für die Vorspinnerin in der Leinenindustrie. Tekstil. Prom., Moskva (Textil-Ind.) **32** (1972) 5, S. 17–19.

Dvernickij, I. M., Kuznecov, G. K.: Über die Gründe der dynamischen Fadenbelastungen an den Kämmaschinen. Izv. vysšich uč. Zav. Technol. tekstil. Prom. (Hochschulnachr. Technol. Textil-Ind.) (1972) 2, S. 46–49.

Decker, F.: Über Entwicklungsrichtungen der Spinntechnologie. Tekstil. Prom., Moskva (Textil-Ind.) **32** (1972) 4, S. 27–30.

Abramovič, M. S.: Einfluß von Parametern des technologischen Prozesses auf die Garnselbstkosten. Tekstil. Prom., Moskva (Textil-Ind.) **32** (1972) 7, S. 15–17.

Molčanov, L. V.: Wege zur Steigerung der Arbeitsleistung. Tekstil. Prom., Moskva (Textil-Ind.) **32** (1972) 7, S. 21–23.

Spinnereivorbereitung

McCracken: Die ökonomischen Auswirkungen von neueren Verbesserungen beim Reduzieren der Faserverwirkungen in Wollwaschmaschinen. Textile Inst. Ind. **10** (1972) 7, S. 194–197.

Panin, P. M.: Kardieren von feuchter Wolle. Tekstil. Prom., Moskva (Textil-Ind.) **23** (1972) 7, S. 28–31.

Towery, J. D., Johnson, R. F.: Einsatz von minderwertiger Baumwolle. Textile Ind. **136** (1972) 5, S. 93–96, 97–99, 156.

Sudra, A., Swięch, T.: Anforderungen an die Reinheit von Kardenflor, um Garn mit einem bestimmten Reinheitsgrad zu erzielen. Technik włókienn. (Textiltechn.) **21** (1972) 5, S. 136–142.

Spinnerei

Pavlov, G. G.: Scheibenkraftverluste beim OE-Spinnen. Tekstil. Prom., Moskva (Textil-Ind.) **32** (1972) 4, S. 24–25.

Urals'kaja, S. L., Budrik, T. G.: Faserverkürzung auf der Maschine BD-200 Tekstil. Prom., Moskva (Textil-Ind.) **32** (1972) 5, S. 26–28.

Mazingue, G., Bauters, M., Dauphin, C.: Das Staubproblem in der Spinnerei Bull. sci. Inst. Textile France **1** (1972) 2, S. 205–212.

Erzeugnisse der Spinnerei und Zwirnerei

Pavlov, Ju. V.: Drehen eines Spinnereiprodukts beim Einlauf auf eine Oberfläche. Izv. vysšich uč. Zav. Technol. tekstil. Prom. (Hochschulnachr. Technol. Textil-Ind.) (1972) 3, S. 46–50.

Piaskowski, T. A.: Einige Aspekte der Herstellung von Garnen aus Folien. Technik włókienn. (Textiltechn.) **21** (1972) 4, S. 97–100.

Weening, W., Hupjé, W. H.: Das Verbinden von hachfestem Polyestercord mit Kautschuk. Kautschuk, Gummi, Kunststoffe **25** (1972) 7, S. 321 bis 324. (engl.).

Texturfäden

Brunet, I. R.: Wohin steuert die Texturierbranche? Mod. Textiles Mag. **53** (1972) 6, S. 18–19.

Schauer, G., Nesman, W. (Schreibw. i. Orig.: *Šauer, G.*: Texturieren durch die Trennung von gedrehten Fäden. Tekstil. Prom., Moskva (Textil-Ind.) **32** (1972) 7, S. 33–34.

Banisch, J. F., Flores, J. F.: Temperaturkontrolle: kritisch beim Übergang zum Recktexturieren. Mod. Textiles Mag. **53** (1972) 6, S. 35–36, 49.

Polyester-Düsentexturseide Grisutenesturan. Bekleid. u. Maschenware **11** (1972) 3, S. 105–106.

IV. Flächengebilde-Herstellungstechnologien

Wegener, W., Coll-Tortosa, L.: Die Auswirkung der Veränderung des Heizkörpertemperaturprofils auf die Qualität der Kräuselgarne. Chemiefasern/Textilind. **22/74** (1972) 8, S. 673–679.

Forschungs- und Entwicklungstätigkeiten für neue Märkte. Textile Ind. **136** (1972) 5, S. 83, 85–87, 89–90.

Lennox-Kerr, P.: Die europäische Nadel. Textile Ind. **136** (1972) 5, S. 47, 49, 51–52, 54–55, 57, 59, 61, 63.

Darlington, K. D.: Garne in der Kettenwirkerei. Hosiery Trade J. **79** (1972) 941, S. 84–85.

Materialvorbereitung

Pitts, Th. E.: Veränderungen in der Spulerei für die sich verändernde Szene in der Textilindustrie. Textile J. Australia **47** (1972) 1, S. 11–14.

Neue elektronische Kreuzspulmaschine für Strangabzug. Chemiefasern/Textilind. **22/74** (1972) 8, S. 647.

Wolf, H.: Moderne Mittel und Methoden zum Schlichten von Chemiefasern. Chemiefasern/Textilind. **22/74** (1972) 8, S. 664–665.

Thater, F.: Schlichten und Entschlichten – ein Beispiel für die Notwendigkeit von Kooperationen in der Textilindustrie. Chemiefasern/Textilind. **22/74** (1972) 8, S. 659–663.

Weberei

Dubinin, A. M.: Hohe Arbeitsleistungen und Betriebsumgestaltung. Tekstil. Prom., Moskva (Textil-Ind.) **32** (1972) 4, S. 31–33.

Vasil'čenko, V. N.: Einfluß der Webmachinengeschwindigkeit auf den Bildungsprozeß von Viskosefasergewebe. Izv. vysšich uč. Zav. Technol. tekstil. Prom. (Hochschulnachr. Technol. Textil-Ind). (1972) 3, S. 64–66.

Weberei-Technologie

van Gorp, P. J. M.: Webereimaschinen. Textil-Praxis internat. **27** (1972) 7, S. 413–415.

Erzeugnisse der Weberei

Gurgenidze, E. D., Dźerzinskogo, F. E.: Über die neuen Gewebe des Kombinats. Tekstil. Prom., Moskva (Tekstil-Ind.) **32** (1972) 5,IS. 23.

Gerdesmann, H.: Bettwäsche aus Chemiefasern. Chemiefasern/Textilind. **22/74** (1972) 8, S. 679–681.

Möbelstoffweberei wendet sich für 30% desProduktionsausstoßes Folieflachfäden zu. Textile World **122** (1972) 6, S. 71–72, 74.

Wirkerei und Strickerei. Konfektion. Sonstige Technologien

Witkowski, I.: Die Wirk- und Stricktechnik in der Textilindustrie. Technik włókienn. (Textiltechn.) **21** (1972) 5, S. 147–149.

Chabrowski, St.: Prinzipien zur Berechnung der Herstellungsdauer von Erzeugnissen auf Cottonmaschinen. Technik włókienn. (Textiltechn.) **21** (1972) 5, S. 145–146.

Panov, K. V., Dergačev, N. I.: Herstellung von Gardinentüll- und Spitzenartikeln auf Raschelmaschinen. Tekstil. Prom., Moskva (Textil-Ind.) **32** (1972) 4, S. 44–47.

Stajniak, K.: Herstellung von Verpackungssäcken aus Polyäthylenfolie auf Raschel-Kettenwirkmaschinen. Technik włókienn. (Textiltechn.) **21** (1972) 4, S. 111–114.

Ursu, A.: Leitungstechnik: Aufstellung visueller statischer Vorlagen. Verwendung graphischer Darstellungen in der Wirkerei/Strickerei. Knitting Times **41** (1972) 13, S. 72–75; 14, S. 42–45.

Wirkerei- und Strickerei-Technologie

Die Situation in der Kettenwirkerei. kettenwirk-praxis **6** (1972) 3, S. 37–40.

Lancashire, J. B.: Die Elektronik in der Strickerei: eine Einschätzung. Knitting Times **41** (1972) 13, S. 48–49, 103.

Lange, A. E., Ragoza, I. V.: Herstellung von Flächengebilden aus feinem Baumwollgarn auf der Maschine Meto. Tekstil. Prom., Moskva (Textil-Ind.) **32** (1972) 7, S. 49.

Batchelor, C. W.: Stricken und Mustern von Doppeljersey. Teil VIII und IX. Hosiery Trade J. **79** (1972) 941, S. 114–118; 942, S. 107–111.

Kidacki, H., Dyson, E.: Die Einschätzung des ausgeglichenen Einlaufs bei der Herstellung von Jersey-Jacquard. Hosiery Trade J. **79** (1972) 942, S. 94–96.

Erzeugnisse der Wirkerei und Strickerei

Darlington, K. D.: Ein Vergleich zwischen Kettengewirke und Rundgestrick, Teil 2: Dessin, Knitting Times **41** (1972) 15, S. 53–55.

Einfacher Jersey: glänzende Aussichten bei feinen und groben Feinheiten. Hosiery Trade J. **79** (1972) 941, S. 67–70.

Gellhorn, Ch.: Materialkombinationen aus texturierten Polyester- und Acetatseiden für gestrickte Oberbekleidung. Bekleid. u. Maschenware **11** (1972) 4, S. 179–180.

Erfolgreicher Einsatz von Folieflachfäden in Faserbandgestricken. Textile World **122** (1972) 6, S. 67–68, 71.

Wignall, H.: Kostenkontrolle bei der Produktion von Doppelgestrick. Knitting Times **41** (1972) 14, S. 39–41.

Sonstige Technologien

Wallner, E.: Litzenherstellung in der Seilerei. Praxisnahe Betrachtung über Schlaglängen, Drehungen, Verseil- und Flechtwinkel sowie über den Einfluß von Faden- und Faserzahlen. Band- u. Flechtind. **9** (1972) 3, S. 122, 124–126, 128.

Gewirkte Netzartikel. kettenwirk-praxis **6** (1972) 3, S. 42–44.

Textilverbundstoffe

Henkel, R. N., Dunlevy, C. M.: Charakterisierung und Eigenschaften von durch Coextrusionsbeschichtung erhaltenen Verbundwerkstoffen. Tappi, New York **55** (1972) 7, S. 1068–1070.

Faserverbundstoffe. Vliesstoffe

Nach dem Trockenverfahren hergestellte Faserverbundstoffe sind billiger. Textile World **122** (1972) 6, S. 77–78, 81.

Kochta, Z.: Neue Kombinationsbindungen für ARACHNE-Nähwirkstoffe. Tekstil. Prom., Moskva (Textil-Ind.) **32** (1972) 4, S. 41–42.

Fadenverbundstoffe

MALIMO mit neuen Einsatzgebieten und Musterungsmöglichkeiten. Bekleid. u. Maschenware **11** (1972) 3, S. 107–109.

Schichtstoffe

Gorochovskaja, E. I., Grigorjan, F. L., Pukavcev, G. I., Smirnov, L. S., Maširin, A. I., Sal'nikov, A. I., Travina, N. G.: Tuftteppicherzeugnisse aus Texturfäden. Tekstil. Prom., Moskva (Textil-Ind. **22** (1972) 4, S. 39 bis 40.

Welge, W. E.: Zwischenbilanz des Textilbelagmarktes in USA. Boden, Wand, Decke **18** (1972) 8, S. 43–48.

V. Textilveredlung

Dzjadyga, I. N., Pugačevskij, B. D., Semak, B. D., Koladenko, S. S.: Untersuchungen über den Einfluß der Veredlungsart auf die Lichtechtheit von Baumwollpopeline. Tekstil. Prom., Moskva (Tekstil-Ind.) **32** (1972) 7, S.56 bis 57.

Hennige, E., Koelers, H. J.: Die Beurteilung der Veredlungseffekte Farbe, Griff und Warenbild im Textilveredlungsbetrieb von heute und morgen. Kolor. Ertesitö, Budapest (Kolor. Rdsch.) **14** (1972) 5/6, S. 131–145.

Kofman, D. M., Šarok, S. A., Travnikova, M. F., Andrejka, M. R., Rambach, T. V.: Vereinigung von drei Walkperioden von Filzschuhwerk mit der ersten Färbephase. Tekstil. Prom., Moskva (Textil-Ind.) **32** (1972) 4, S. 65–66.

Trocknen und Farbstoffixierung durch Hochfrequenz. Internat. Dyer, Textile Printer, Bleacher, Finisher **147** (1972) 11, S. 648, 650.

Schödel, E.-O.: Die Stücktrocknerei gestern – heute – morgen. Textile Trockenprozesse in Spannrahmen. Textilbetrieb **90** (1972) 7/8, S. 63–66.

Farbstoffe. Textilhilfsmittel

Murray, B. G.: Anorganische Farbstoffe für Polymere. Nuova Chimica, Milano **48** (1972) 4, S. 81–87.

Hinweise für Wirker und Stricker über Lösungsmittel-Weichmacher. Knitting Times **41** (1972) 4, S. 55–61.

Bruschek, H.: Schmälze als Hilfsmittel für die Ausrüstung von synthetischen Seiden. Galaxia, Buenos Aires (1972) 43, S. 37–43.

Schlichtemittel für die Textilindustrie (ohne Schlichte-Hilfsmittel). Chemiefasern/Textilind. **22/74** (1972) 8, S. 649.

Golomb, L. M., Gončarova, G. G.: Erfahrungen mit Antischaummitteln auf Siliconbasis. Tekstil. Prom., Moskva (Textil-Ind.) **32** (1972) 4, S. 60–61.

Jaworska, J., Dabrowska, L.: Einsatzgebiet polnischer Appreturmittel in der Baumwollindustrie. Przegl. włókienn. (Textil-Rdsch.) **26** (1972) 6, S. 334 bis 336.

Bleicherei. Sonstige Vorbehandlungsverfahren der Textilveredlung

Smith, T. J.: Bleichen von Maschentextilien aus Cellulosefasern. Brit. Knitting Ind. **45** (1972) 516, S. 71–72, 75.

Kolb, K.: Kontinuierliches Lösungsmittel-Waschen von Maschentextilien. Knitting Times **41** (1972) 4, S. 42–34.

Färberei

Neue Kommissionsfärberei Artizans Inc. wendet Polychromatic-Verfahren an. Mod. Textiles Mag. **53** (1972) 5, S. 24–25.

Rais, J.: Zur kinetischen Gleichung des Färbens von Cockett-Rattee-Stevens. Chem. Prům., Praha (Chem. Ind.) **22**(47) (1972) 8, S. 401–406.

Caprikevič, L. G., Kovžin, L. A., Charcharov, A. A.: Methode zur schnellen Feststellung der Begleitformen in der Zusammensetzung von Aktiv-Vinylsulfonfarbstoffen. Tekstil. Prom., Moskva (Textil-Ind.) **32** (1972) 7, S. 59–60.

Semenova, T. V., Butina, L. I.: Kombiniertes Färben von Wolle und Polyacrylnitrilfaserstoff Nitron in hellen und mittleren Nuancen. Tekstil. Prom., Moskva (Textil-Ind.) **32** (1972) 4, S. 67.

Stöckigt, H.: Der Einfluß des Färbevorganges auf den Texturiereffekt. Tekstil. Prom., Moskva (Textil-Ind.) **32** (1972) 4, S. 69–71.

Druckerei

Aihara, J.: Der Umdruck in technischer Hinsicht betrachtet. Japan Textile News (1972) 207, S. 58–61.

Volchonskaja, N. S., Senachov, A. V., Sadov, F. I.: Einfluß der rheologischen Eigenschaften auf einige technische Kennwerte der Druckfarbstoffe. Izv. vyssich uč. Zav. Technol. tekstil. Prom. (Hochschulnachr. Technol. Textil-Ind.) (1972) 3, S. 78–81.

Egorov, N. V., Lifencev, O. M., Mel'nikov, B. N., Poljakov, V. G.: Einsatz des Präparates DCM beim Bedrucken von Baumwollgeweben mit Phthalocyanogen-Himmelblau 43M. Tekstil. Prom., Moskva (Textil-Ind.) **32** (1972) 5, S. 62–64.

Alekseev, Ju. A., Gurtovenko, S. I., Charcharov, A. A., Palickij, B. Ja.: Bedrucken von Geweben aus Fasermischungen mit Reaktivfarbstoffen. Tekstil. Prom., Moskva (Textil-Ind.) **32** (1972) 7, S. 57.

Levin, L. M.: Musterauftragung auf Teppiche durch Druckmethode. Tekstil. Prom., Moskva (Textil-Ind.) **32** (1972) 7, S. 62–63.

Fa. Donaghadee „fixiert das Muster" in bedruckte Teppiche. Internat. Dyer, Textile Printer, Bleacher, Finisher **147** (1972) 12, S. 711–712.

Ausrüstung. Trocknung

Zel'din, Ju. P., Bel'skij, S. M.: Merkmale des Einsatzes von textilen Satzkalandern. Tekstil. Prom., Moskva (Textil-Ind.) **32** (1972) 7, S. 60–62.

Subbotin, Ju. P., Chomuckij, N. D.: Zahlenmäßige Bewertungsmethode der Ergebnisse der wärmemechanischen Gewebebildung nach der Dicke. Izv. vyssich uč. Zav. Technol. tekstil. Prom. (Hochschulnachr. Technol. Textil-Ind.) (1972) 2, S. 26–29.

Ince, J.: Fixierung von Teppichwollgarnen. Internat. Dyer, Textile Printer, Bleacher, Finisher **147** (1972) 11, S. 646.

Hall, D. M., Morton, G. P., Reid, J. D.: Der Einfluß von Veränderungen in der Schubfadenverdichtung auf die Eigenschaften von popelineähnlichem Baumwollgewebe. Textile Ind. **136** (1972) 5, S. 128, 131–133, 135–136, 139, 141–142, 146.

Bereza, M. P., Černov, E. N., Morin, B. P., Rogovin, Z. A.: Durch Pfropfung von Styrol modifizierte Viskosefaser. Chim. Volokna (Chem. Fasern) (1972) 4, S. 61–63.

Brown, T. D., Philipps, A.: Die Herstellung von waschbaren Doppeljersey-Wollstoffen durch Anwendung von lösungsmittellöslichen Harzen auf die aus unbehandeltem Garn hergestellten Stoffe. Hosiery Trade J. **79** (1972) 941, S. 121–122, 125.

Melikuziev, S., Nigmanchodžaeva, M. S., Rachmanberdyev, G., Gafurov, T. G., Tašpulatov, Ju. T.: Modifizierung von Regeneratcellulosefaserstoffen mit Dimethylolüthylenharnstoff. Chim. Volokna (Chem. Fasern) (1972) 4, S. 26–28.

Stangner, W.: Kontinuierliches Dekatieren moderner textiler Flächengebilde. Brit. Knitting Ind. **45** (1972) 516, S. 77–80.

Wäscherei. Chemische Reinigung

Strahl, O.: Neue technologische Verfahren in der Wäscherei. Textilreinigung **19** (1972) 8, S. 230–232.

Lampe, B.: Neue Technologien — Voraussetzung für Standardvordrucke. Textilreinigung **19** (1972) 9, S. 277–279.

Waschen und Finishen von Mischgeweben. Reiniger + Wäscher **25** (1972) 8, S. 20–24.

Maschinen und Ausrüstungen für Selbstbedienungswäschereien und Direktbedienungseinrichtungen der Chemischreinigung. Textilreinigung **19** (1972) 8, S. 250–251.

Schulz, J.: Festlegung der optimalen Zusatzmengen der Anteile von solubilisiertem Wasser und Reinigungsverstärker zu Tetrachloräthenflotten. Textilreinigung **19** (1972) 7, S. 212–215; 8, S. 244–245.

Koch, D.: Moderne Verfahren der Lederreinigung. Chemischreiniger/Wäsche/Färber-Ztg. **71** (1972) 8, S. 398–404.

Monshausen, K.: Ist die Reinigung von Teppichböden problemlos? Reiniger + Wäscher **25** (1972) 8, S. 26–28.

VI. Werkstoffprüfung. Meß- und Prüftechnik. Standardisierung

Varkoveckij, M. M., Stut, I. I.,: Konstruktion der vereinheitlichten Qualitätskriteriums von Textilmaterialien. Tekstil. Prom., Moskva (Textil-Ind.) **32** (1972) 7, S. 64–66.

Tiranov, V. G., Stalevič, A. M.: Abhängigkeit des elastischen Erholungsvermögens von Textilfäden von der Einwirkungsdauer der Zugbelastung. Izv. vyssich uč. Zav. Technol. tekstil. Prom. (Hochschulnachr. Technol. Textil-Ind.) (1972) 3, S. 21–24.

Buck, G. S.: Entflammbarkeitsbericht: Teppiche. Textile Ind. **136** (1972) 5, S. 73, 75–76, 79–80.

Eigenschaften und Fehler der Textilmaterialien u. a.

Kann Flammresistenz ein Verkaufspunkt sein? Japan Textile News (1972) 208, S. 62–66.

Weber, R.: Lichtschaden vermeiden. VDI-Nachr. **26** (1972) 39, S. 10–11.

Gončarova, Ė. V.: Einfluß der Drehung auf mechanische Eigenschaften und Verschleißfestigkeit von Polypropylenseide. Tekstil. Prom., Moskva (Textil-Ind.) **32** (1972) 5, S. 28–29.

Gorbačeva, V. O., Chlebnikova, E. V., Ievleva, A. K.: Zeitabhängigkeit der Festigkeit von Faserstoffen mit unterschiedlichen Ermüdungseigenschaften. Chim. Volokna (Chem. Fasern) (1972) 4, S. 39–41.

Papikjan, M., Čachojan, P., Strižakova, T., Ložkin, V.: Erhöhung der Scheuerbeständigkeit von Acetatfaserstoff. Chim. Volokna (Chem. Fasern) (1972) 4, S. 71–72.

Šimajtis, S. A., Veržbolauskas, L. R.: Einfluß der Parameter der Florschicht auf die Energieverluste beim Durchblasen und bei Schallschwingungen. — Izv. vyssich uč. Zav. Technol. tekstil. Prom. (Hochschulnachr. Technol. Tekstil-Ind.) (1972) 3, S. 14–18.

Abou-State, M. A., El-Megeid, F. F. A.: Die Wirkung einiger chemischer Behandlungen auf die Eigenschaften gereinigter ägyptischer Baumwollabfallfasern. Faserforsch. u. Textiltechnik **23** (1972) 10, S. 435–438.

Anikin, V. S., Šiganov, S. D.: Untersuchung der Ungleichmäßigkeit von Faserschichten in der Längs- und Querrichtung. Izv. vyssich uč. Zav. Technol. tekstil. Prom. (Hochschulnachr. Technol. Textil-Ind.) (1972) 3, S. 44–46.

Rigby, B. J., Mitschell, T. W.: Das Altern einzelner Wollfasern. J. Textile Inst. **63** (1972) 7, S. 416–421.

Meß- und Prüftechnik

Höhne, G.: Ein Verfahren zur Abbildung der Kontaktfläche eines Textils mit einer ebenen Unterlage. Chemiefasern/Textilind. **22/74** (1972) 8, S. 686 bis 687.

Truevcev, N. N., Sučkova, G. G.: Apparat Denieroskop zur Ermittlung der linearen Dichte von Fasern und Fäden. Tekstil. Prom., Moskva (Textil-Ind.) **32** (1972) 7, S. 66–68.

Chavkin, V. P., Čerkasskij, A. E.: Kontrolle der Ungleichmäßigkeit von breiten Textilien durch Abtasten. Izv. vyssich. uč. Zav. Technol. tekstil. Prom. (Hochschulnachr. Technol. Textil-Ind.) (1972) 3, S. 34–37.

Gluškov, M., Natov, M. (*Schreibw. i. Orig.: Gluschkow, M., Natow, M.*): Untersuchung der Standzeit und der Deformation von Polyäthylen hoher Dichte bei sich wiederholender Belastung mit Erholungspausen. Plaste u. Kautschuk **19** (1972) 9, S. 676–678.

Schiewe, S.: Problematik der Bestimmung der dynamischen Biegesteifigkeit von Papier und Pappe. Materialprüfung **14** (1972) 8, S. 285–287.

Hearle, J. W. S., Purdy, A. T.: Eine Meßmethode für die Durchstoßkraft während des Nadelfilzens. J. Textile Inst. **63** (1972) 7, S. 363–374.

Chapman, B. M., Hearle, J. W. S.: Biegung und Faltung von Anordnungen aus mehrteiligen, viskoelastischen Fasern. Teil I. Allgemeine Überlegungen zu dem Problem. Teil II. Die Mechanik einer zweidimensionalen Anordnung aus langen, geraden Fasern verschiedener Arten. J. Textile Inst. **63** (1972) 7, S. 385–403, 404–412.

Sippel, A.: Gehorchen Messungs-Serien der Reißfestigkeit und der Bruchdehnung von Fäden einer Lebensdauerverteilung oder der sog. Normalverteilung? Chemiefasern/Textilind. **22/74** (1972) 8, S. 681–686.

Samson, A.: Der Flüssigkeitsstrom aus einer Düse durch eine zusammendrückbare, poröse Schicht. Teil I. Analyse der Methoden zum Strömen einer Flüssigkeit durch eine poröse Schicht. J. Textile Inst. **63** (1972) 7, S. 375–383.

Barnes, J. W.: Die Entflammbarkeit von textilem Fußbodenbelag: ein Vergleich zwischen den US- und den vorgeschlagenen BS-Prüfungen. Textile Inst. Ind. **10** (1972) 7, S. 198–199.

Standardisierung. Terminologie

Suche nach neuer Klassifikation der Polyamidfaserstoffe. Chem. engng. News **50** (1972) 29, S. 12.

VII. Betriebstechnik. Ökonomie. Tagungsberichte und dgl.. Sonderfragen

Betriebstechnik

Computer spornen Produktivität an. Textile World **122** (1972) 6, S. 49–50.

van Lancker, M.: Strahlungschemische Prozesse zur Erleichterung und Verbesserung von Prozeßtechniken in der Textilindustrie. Textilis, Gent **28** (1972) 7/8, S. 12–21

Heimlich, S.: Folienabfälle aufbereiten. VDI-Nachr. **26** (1972) 39, S. 14–15.

Wie man den OSHA-Luftprobentest besteht. Textile World **122** (1972) 6, 6, S. 53–54.

Heinrichs, R.: Ölnebelschmierung, als Antiluftverschmutzungsmaßnahme geschen. Knitting Times **41** (1972) 4, S. 45, 80.

Rebedea, C.: Eine Analyse der Kosten der innerbetrieblichen Transporte in zwei Baumwollspinnereien und Webereien. Ind. textilă, Bucureşti **23** (1972) 7, S. 427–430.

Spezialdecke löscht Feuer aus. Textile J. Australia **47** (1972) 1, S. 6, 40.

Bradley, J.: Ein neues Herangehen an das Abwasserproblem. Brit. Knitting Ind. **45** (1972) 516, S. 81–82.

Knepper, A.: Günstigere Abwasserwerte durch Ameisensäure. Essigsäure in Farbflotten belastet das Abwasser. Textilbetrieb **90** (1972) 7/8, S. 44.

Ökonomie

Konzentration in der deutschen Textilindustrie. Chemiefasern/Textilind. **22/74** (1972) 8, S. 643.

Volkov, I. D.: Sozialistischer Wettbewerb und individuelle Arbeitsleistung. Tekstil. Prom., Moskva (Textil-Ind.) **32** (1972) 5, S. 8–10.

Nedešev, A. I.: Sozialistische Integration in der chemischen Industrie. Chim. Prom. (Chem. Ind.) (1972) 7, S. 6 (486)–10(490).

Parikh, Ch. C.: Vorhersage für das Planen — Farbstoffverbrauch in den 80er Jahren. Mod. Textiles Mag. **53** (1972) 6, S. 38, 40, 42, 44, 46.

Nollau, V., Pippel, W.: Methoden der Rationalisierung der Versuchsplanung und Versuchsauswertung in der stoffumwandelnden Industrie. Wiss. Z. Techn. Univ. Dresden **21** (1972) 2, S. 256–264.

Park, J., Davis, S.: Technische Dienste auf dem Gebiet der Textilherstellung. Internat. Dyer, Textile Printer, Bleacher, Finisher **147** (1972) 12, S. 700 bis 702.

Teppiche: Gewinnperspektive. Textile Ind. **136** (1972) 5, S. 38–46.

Entflammbare Produkte werden vom Markt verdrängt. Chem. engng. News **50** (1972) 29, S. 22.

Sonderfragen

Gottwald, V.: Persönliche Dokumentation als Mittel zur Ausnutzung von wissenschaftlichen, technischen und anderen Informationen. Textil, Praha **27** (1972) 8, S. 276–278.

Anforderungen an Kontaminationsschutzanzüge. Bekleidungsmedizin **12** (1972) 3/4, S. 19–20.

Baticle, M. R. L.: Anwendung von Plasten aus Cellulose. Nuova Chimica, Milano **48** (1972) 6, S. 37–42.

FSC
www.fsc.org
MIX
Papier | Fördert
gute Waldnutzung
FSC® C083411

Zeitfracht Medien GmbH
Ferdinand-Jühlke-Straße 7
99095 Erfurt, Deutschland
produktsicherheit@kolibri360.de